稻渔综合种养

姚俊杰　主编

贵州科技出版社

图书在版编目（CIP）数据

稻渔综合种养 / 姚俊杰，梁正其主编. -- 贵阳：贵州科技出版社，2023.6

ISBN 978-7-5532-1190-9

Ⅰ. ①稻… Ⅱ. ①姚… ②梁… Ⅲ. ①水稻栽培②稻田养鱼 Ⅳ. ①S511②S964.2

中国国家版本馆 CIP 数据核字（2023）第 063574 号

稻渔综合种养

DAOYU ZONGHE ZHONGYANG

出版发行	贵州科技出版社
地　　址	贵阳市观山湖区会展东路 SOHO 区 A 座（邮政编码：550081）
网　　址	http://www.gzstph.com
出 版 人	王立红
经　　销	全国各地新华书店
印　　刷	贵州新华印务有限责任公司
版　　次	2023 年 6 月第 1 版
印　　次	2023 年 6 月第 1 次
字　　数	200 千字
印　　张	13.5
开　　本	710 mm × 1000 mm　1/16
书　　号	ISBN 978-7-5532-1190-9
定　　价	38.00 元

《稻渔综合种养》

编委会

主　　编　姚俊杰　梁正其

副 主 编　李正友　熊　伟　苏　昕

图片整理　严孟芝　张文争　杨　立

审　　核　梁正其　何浩宇　蒙庆米

编写人员　（按姓氏笔画排序）

王艳艳　冉井洪　许劲松　纪　达　苏　昕

李正友　李嘉尧　陈敦学　杨玉梅　吴俣学

罗　均　周贤君　周其椿　姚俊杰　姚曼菲

莫云富　秦国兵　梁正其　覃　普　温燕玲

熊　伟

前言

QIAN YAN

中华文明五千年，稻田养鱼三千载。稻田养鱼起源于中国，是中国古代劳动人民智慧的结晶。

2017年9月30日，全国水产技术推广总站正式发布《稻渔综合种养技术规范第1部分：通则》，标志着稻田养鱼进入了新的发展时期。稻渔综合种养源于稻田养鱼，稻渔综合种养的定义为：通过对稻田实施工程化改造，构建稻渔共作、轮作系统，通过规模开发、产业经营、标准生产、品牌运作，实现了水稻稳产、水产品增产、经济效益提高、农药化肥施用量显著减少等目标，是一种生态循环农业发展模式。主要特征是规模化、产业化、标准化、品牌化。稻渔综合种养被赋予了时代的特征，开启了高质量发展的模式。2020年，全国稻渔综合种养面积达到了3800万亩（1亩约为666.6666667平方米，全书同）、稻田水产品的产量达到了325万吨，稻渔综合种养在稳定水稻生产、保障粮食安全、拓展渔业发展空间、促进农业增效和农民增收等方面发挥了重要作用。

稻渔综合种养涉及鱼、虾、蟹、鳖、蛙等多种动物种类，新的稻渔综合种养技术及模式不断涌现，本书就是在这种背景下编著的。编写本书的科技工作者在长期科学研究及实践的基础上，对稻渔综合种养的历史、文化及技术模式进行归纳、总结，便于人们了解稻渔综合种养，推动该项工作的进一步发展。

本书共分为七章，引用了国家发布的技术标准，介绍了国家的主推技术，参考了国内最新的相关文献资料，结合了生产一线的实际案例，具有凸显历史脉络、突出技术特点、图文并茂的特色。

本书分工如下：许劲松、周贤君、苏昕编写第一章；李正友、温燕玲编写第二章；李嘉尧、吴俣学、熊伟编写第三章；姚俊杰、莫云富、姚曼菲、杨玉梅编写第四章；纪达、冉井洪、周其椿编写第五章；姚俊杰、罗均、秦国兵编写第六章；覃普、梁正其、姚俊杰编写第七章；姚俊杰进行全书的统稿。

本书的编写得到了贵州省农业农村厅、贵州省水利厅的项目资金资助。在编写过程中得到了省、市、县各级水产技术推广站及广大养殖户的支持，在此一并表示衷心的感谢。书中参考和引用了较多的文献资料，在此向这些作者表示诚挚的谢意。

本书可作为高等院校水产专业教学参考用书，供有关科技工作者和水产专业师生参考，也可作为种植、养殖户的参考资料以解决生产中遇到的实际问题。对于书中不足之处，恳请读者批评指正。

编　者

2021年12月

目录

第一章

稻渔综合种养概述

稻渔综合种养源于稻田养鱼。稻田养鱼是指在稻田中水稻生长的同时，养殖鲤鱼、草鱼等鱼类，达到一田双收，增加动物蛋白质来源和稻田经济效益的生产方式。稻渔综合种养是指按照规模化、产业化、标准化、品牌化的思路，在稻田中开展水产养殖，实现“以渔促稻、稳粮增效”的绿色生产方式。目前，稻渔综合种养已逐步形成稻鱼、稻虾、稻蟹、稻龟鳖、稻贝、稻蛙等多种典型模式。

中国是世界上最早进行淡水养鱼的国家，也是世界上最早开展稻田养鱼的国家。“稻田养鱼”是一种生产方式，也是一种农耕文化，中国的稻田养鱼历史悠久，是中华民族无数劳动人民的实践经验和智慧的结晶。据史料考证（《诗经》《史记》等），中国的稻田养鱼已经有 3000 多年的发展历史。在汉代，今陕西、四川、贵州等地已普遍进行稻田养鱼；唐昭宗年间（888—904 年），稻田养鱼的方式及其作用就有了明确的文字记载。

稻田养鱼是智慧的中国古代人民在长期劳作中总结出的一项技术。中国的稻田养鱼发展早于国外。从 20 世纪初开始，马达加斯加、苏联、匈牙利、保加利亚、美国，以及亚洲部分国家都推广了稻田养鱼，其中以印度尼西亚、马来西亚、菲律宾和印度较为盛行。国外稻田养鱼的历史只有 100 多年，其中，日本首次开始稻田养鱼是在 1844 年；印度尼西亚在 1860 年开始利用稻田养鱼；苏联首次进行稻田养鱼试验在 1932 年；而美国则更晚，1950 年才开始。

第一节　稻田养鱼起源说

（一）中国捕鱼、养鱼的历史

在几十万年前的原始社会，人们就已经以鱼类为食，并开始把鱼类作为捕猎的对象。最先是用石头、木棍、弓箭等作为捕鱼的工具，而后发明了网具。华夏民族人文始祖——三皇之一的伏羲教先民捕鱼，使渔业有了较快的发展。

在殷墟出土的甲骨文中，就有“鱼”形文字的出现；在青铜铭文中有更多“鱼”形文字再现，可以说商代（公元前1395年—公元前1123年）是我国鱼文化的萌芽期。《诗经》是我国古代人民识别并记载物种分类最早的一部古籍，书中记载了“鲂”等20种鱼类。从南朝梁陶弘景的《本草经集注》到清末吴仪洛的《本草从新》，众多的书籍更为详尽地记载了各种鱼类的形态、分布、食用价值和药用价值等方面的知识。

殷商时期的甲骨文中记载了“贞其鱼，在圃渔”“在圃渔，十一月”。这里的“在圃渔”，即指园圃之内的鱼，证明我国在殷商时期已开始池塘养鱼，可见池塘养鱼已有至少3000年的历史。至周朝，池塘养鱼更为普遍。

公元前460年左右，范蠡的《养鱼经》详细地介绍了池塘养鱼的建池、选种、确定交配数目、制作鱼巢等方法，它是世界上第一部关于养鱼技术的专著，为世界所瞩目。

（二）稻田养鱼的历史

稻田养鱼是淡水养鱼的重要组成部分，中国是世界公认稻田养鱼最早的国家。关于稻田养鱼究竟始于什么时间，学术界观点并不一致，且各有依据。先后主要有五种稻田养鱼起始的观点，即《诗经》时代说、战国说、东汉说、三国说、唐代说。在上述诸说中，“东汉说”得到了大多数人的认可。

1. 稻田养鱼起源的《诗经》时代说

中国稻田养鱼的历史至少已有 3000 年。贵州学者杨昌雄先生在《苗族稻田养鱼考》和《概述苗族稻田养鱼史及其发展趋势》两篇文章中提出了这一观点。他认为，从追溯苗族稻田养鱼的历史进行考证，中国稻田养鱼的历史不止 1700 多年，而是至少已有 3000 年。考证的论据如下：

（1）苗族稻田养鱼继承了《诗经》中记载的方法和渔具。据此，将养鱼方法和捕鱼用具的史实作为考证的依据，按《诗经》作品的历史年代进行推算，中国稻田养鱼的历史至少已有 3000 年。

在养鱼方法上，《诗经》载有：“猗与漆沮，潜有多鱼。有鳣有鲔，鲦鲿鰋鲤。以享以祀，以介景福。”（图 1–1）意思是漆水沮河自悠长，鱼儿沉底多潜藏。鳣鱼鲔鱼正肥美，鲦偿鰋鲤鲜可尝。用来烹煮祭祀先祖，祈求洪福与天长。记载了 3000 年前，中国古代劳动人民用盖积柴的方法来护鱼和养鱼。

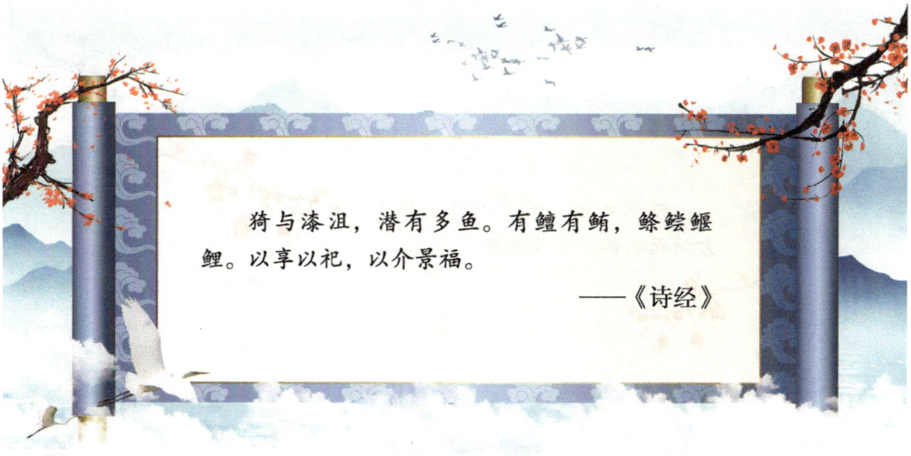

图 1–1 《诗经》节选

“潜有多鱼”，朱熹注曰：“潜，槮也，盖积柴养鱼，使得隐藏避寒，因以薄围取之也。”《尔雅·释器》：“槮谓之涔。”郭璞注曰：“今之作槮者，聚集柴于水中，鱼得寒入其里藏隐，因以薄围捕取之。”意思是古代从事养鱼的人们，当到了冬天气候寒冷时，会用盖积柴的方法来护鱼。

在捕鱼工具的记载上，《诗经·小雅·南有嘉鱼之什》载有：“南有嘉鱼，烝然罩罩。”“罩”是篾竹编制而成，家家户户备有鱼罩、鱼篓等捕鱼用具。在泥田里不便于撒网，就普遍采用鱼罩捕捉。更能说明鱼罩不是在江河里使用的渔具，是为了适应在水浅的池塘或稻田里使用而制作的渔具。

（2）苗族稻田养鱼来源于楚国文化。楚国的历史文化丰富多彩，其中就包括稻鱼并作的历史文化。司马迁在《史记·货殖列传》中记载：“楚越之地，地广人希（稀），饭稻羹鱼，或火耕而水耨，果隋蠃蛤。”（图 1–2）可见在春秋战国时代，楚国和越国的劳动人民的生活饮食中有稻有鱼。可推测当时楚国和越国人民所食的鱼的来源，不仅是通过从江河中捕捞而获，还可能通过养殖而获，而养殖方式很可能是池塘或稻田养鱼。楚国不仅是我国水稻栽培的起源地之一，而且也是中国稻田养鱼的起源地之一。由此可见苗族稻田养鱼来源于楚国文化。

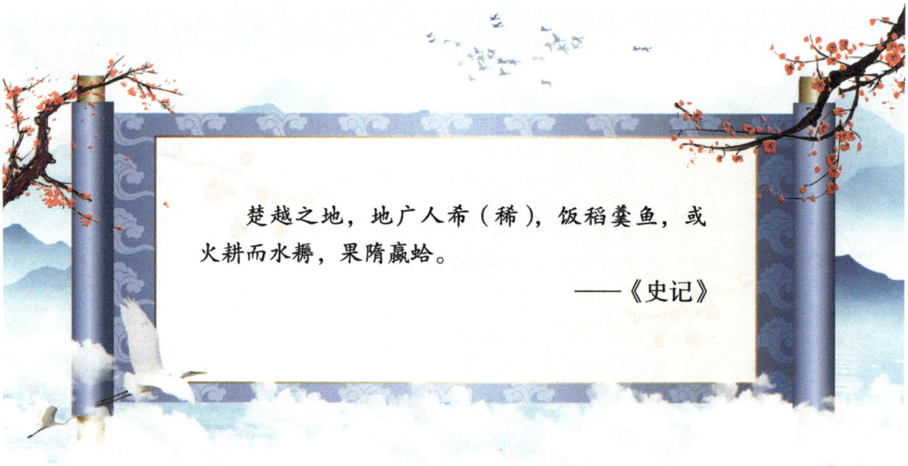

图 1–2 《史记》节选

2. 稻田养鱼起源的战国说

春秋时期，范蠡的《养鱼经》问世。

范蠡（公元前536年—公元前448年），春秋末期政治家、军事家、谋略家、经济学家和道家学者，越国相国、上将军。曾献策扶助越王勾践复国，兴越灭吴。范蠡晚年居安邑陶村，称朱公，后人遂称之为陶朱公，故《养鱼经》又称《陶朱公养鱼经》。

《养鱼经》记载："水畜，所谓鱼池也。以六亩地为池……鲤不相食，又易长也。"（图1-3）

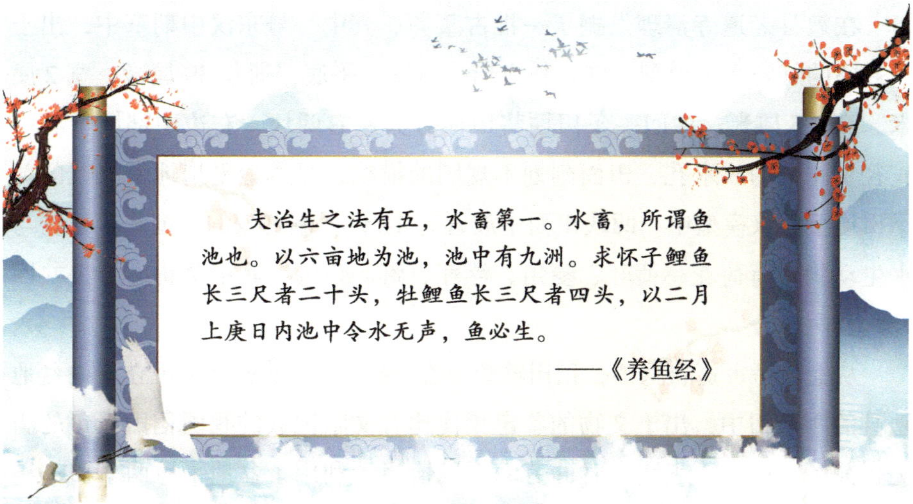

图1-3 《养鱼经》节选

相传遇到雨水、气候适宜之年，鲤鱼两千尾所产之卵多到不可胜数，养鱼人在急忙中疏散部分鱼苗到附近的稻田中去暂养，以救眉急。过了不久，发现稻田中的鱼虽然没有投喂饲料，却比鱼塘里养的鱼还长得快，从此以后便相沿成习。尽管没有记载可查，这个偶然的发现，成为了稻田养鱼的起源说。

考古出土的陶水田模型，充分说明我国汉代在陕西和四川等地已普遍流行稻田养鱼，也间接地证实了大约在 2400 年前，稻田养鱼在范蠡《养鱼经》问世以后就开始推广了。

3. 稻田养鱼起源的东汉说

陕西勉县博物馆的郭清华在《勉县出土稻田养鱼模型》一文中提到，我国考古工作者在四川、陕西等地的汉墓中，陆续发现水田模型多件：如四川新津宝子山水田模型，田中横穿一沟渠，渠中有游鱼；绵阳新皂水田模型，田分两段，田中有鱼和泥鳅；陕西汉中出土的稻田模型，一边为陂池，一边为稻田，中隔一坝，进出口有捉鱼的竹笼和提升式平板闸，等等。这些材料为“东汉说”提供了有力支撑。

在勉县老道寺清理发掘了一批古墓葬。其中一号东汉中期墓中，出土了规整的红陶水田模型一件，长方形、直壁、平底，通长 39 厘米、宽 2 厘米、高 3.5 厘米。中间一条田埂将田面分为左右两块，右边中部埂下有一直径 1 厘米的放水孔，田面刻划不规则的横线，是本地平川地带典型的两季田模型。该模型中，两块田面中放置有 18 件泥制红陶的小型水生植物与水生动物，有荷花、荷叶、菱角、浮萍、鳖、鱼等，其中草鱼、鲫鱼共四条，鳖两只。

从上述考古资料得知，稻田养鱼早在 1900 多年前就已出现在汉中盆地勉县的两季田中，出土文物的鉴定年代比有文献记载的我国稻田养鱼的历史提前了 200 年，表明当时的劳动人民恰当地利用了盆地平原两季田一稻一麦的特性，把握季节时令，在夏季蓄水种稻期间，除了在田里套栽莲藕等水生植物外，还人工放养鱼类，争取一季一田多种丰收。

这些考古资料表明，我国的稻田养鱼不是始于三国时代的四川郫县，而是始于东汉中期之前的汉中勉县一带，大约在 2100 年以前。

4. 稻田养鱼起源的三国说

三国是上承东汉下启西晋的一段历史时期，分为曹魏、蜀汉、东吴三个政权，所处时间是 220—280 年。《魏武四时食制》曰：“郫县子鱼，黄鳞赤尾，出稻田，可以为酱。”（图 1–4）魏武即曹操，汉末人。郫县位于成都西北方向，蜀王杜宇就在此建都；子鱼就是小鱼，黄鳞赤尾应该是指鲤鱼，就是说稻田里出的小鲤鱼。这一段记载，是反映稻田养鱼的最早史料文献，因此我国的稻田养鱼的历史被认为始于三国时期或稍早一些的四川郫县一带。汉代池塘养鱼以鲤为主要对象，很可能也在稻田中进行饲养。此外，四川丘陵地带，稻田终年积水，称为冬水田，具备稻田养鱼的有利条件。

郭清华在《勉县出土稻田养鱼模型》中记载，在勉县老道寺四号三国蜀墓中，出土有绿铅釉红陶冬水田模型一件，正方形、直壁、平底、边长 31.3 厘米、通高 5 厘米、壁厚 1.5 厘米。田内有五条不规则的田埂，将田面分为大小不等的六个田块。在这些田块中，分布有青蛙、螺蛳、菱角及四种鱼类。从上述考古资料得知，稻田养鱼的历史可追溯至 1700 年以前。（图 1–5，图 1–6）

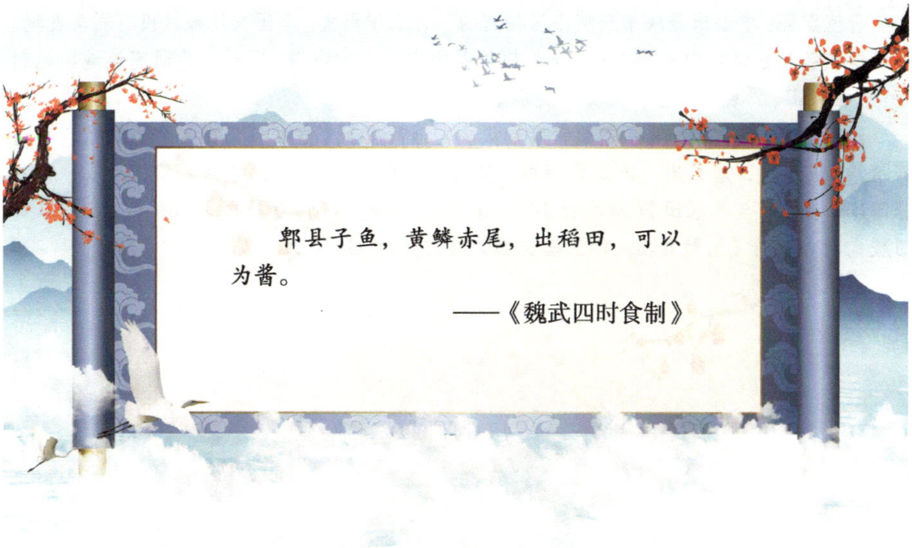

图 1–4 《魏武四时食制》节选

图 1-5　出土的东汉时期冬水田模型

注：

尺寸：边长 31.3 厘米、高 5 厘米、壁厚 1.5 厘米。

来源：1978 年 12 月老道寺沙家庄 M4 出土。

价值点评：冬水田是陕南丘陵山区特有的一种农田形式，全国其他地区没有同类发现。该模型在勉县东汉墓中首次发现，不但填补了国内历史的空白，同时也为研究该地因地制宜、开拓农田、发展农业生产的历史提供了实物佐证。

研究著述：郭清华《勉县老道寺四号汉墓发掘简报》(《考古与文物》1982 年第二期)；郭清华《浅谈陕西勉县出土的汉代塘库、陂池、水田模型》(《农业考古》1983 年第一期)；郭清华《诸葛亮与冬水田》(新华社 10 月 10 日对外稿，《陕西农民报》1986 年 10 月 30 日四版式)；郭清华《论勉县出土的三国文物》(《文博》1994 年第三期)。

图 1-6　出土的东汉时期塘库水田模型

注：

尺寸：通长 52 厘米，塘库边长 33 厘米，塘深 5 厘米，田口宽 35 厘米。

来源：1978 年勉县老道寺镇沙家庄 M2 出土。

价值点评：该模型由塘库、水田组成，库、田之间的坝基正中有凹槽式提板闸门，正对田中的排水沟。塘库内泥塑有蛙、鳖、鱼、螺等水生动物共 14 个。栩栩如生，田畦横、竖规整，是一件难得的反映东汉早期汉中盆地农田水利设施与农业生产的珍贵文物。

5. 稻田养鱼起源的唐代说

《岭表录异》记载："新泷等州山田，拣荒平处以锄锹开为町畦。伺春雨，丘中贮水，即先买鲩鱼子散于田内。一二年后，鱼儿长大，食草根并尽。既为熟田，又收鱼利。乃种稻且无稗草，乃齐民之上术也。"（图 1-7）这一段记载与现在稻田养鱼有所不同，是利用草鱼来开荒田，虽然还未种上稻，但也是稻田养鱼的一种方式。

唐朝所处时间是 618—907 年。《岭表录异》为唐代的刘恂撰写，属于地理杂记，全书共三卷。通过此书可以了解唐代岭南道的物产、民情等。其中记载最多的是岭南人的食物，尤其是各种鱼虾、海蟹、蚌蛤的形状、滋味和烹饪方法，是研究唐代岭南地区少数民族经济、文化的重要资料。《岭表录异》所记载内容，表明稻田养鱼最晚起源于唐代，稻田养鱼的历史至少可追溯至 1100 年以前。

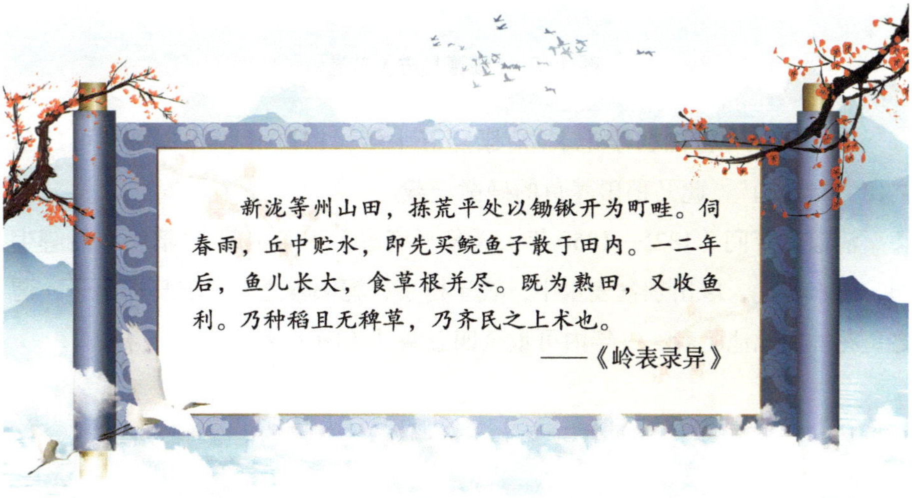

图 1-7 《岭表录异》节选

6. 明清两代稻田养鱼的相关记载

在我国明清两代地方志中，倒是可以见到有关稻田养鱼的可信史料。明万历年间（1573—1620 年）的《顺德县志》记载："圃中凿池养鱼，春则涸之插秧，大则数十亩。"这说明在 400 多年前，广东省顺德一带已开展大面积稻鱼轮作。（图 1-8）

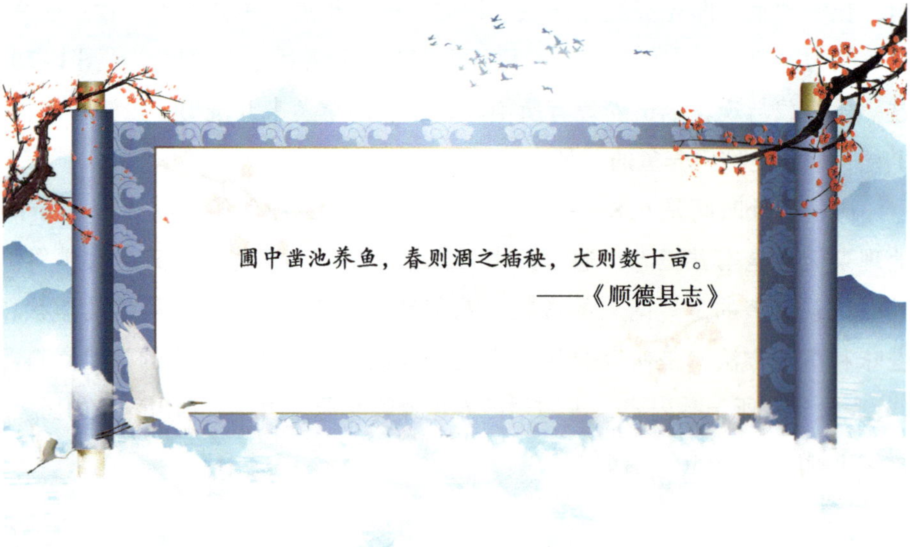

图 1-8 《顺德县志》节选

李晋兴在《稼圃初学记》（清康熙五十年，1711 年）中提到"可放鱼之田，量放鱼"，此乃稻田养鱼的确凿记载。

清道光年间（1821—1850 年），《黎平府志》中曾记载："清明节后鲤生卵，附水草上，取出别盆浅水中，置于树下，漏阳暴之，三五日即出子，谓之鱼花。田肥池肥者，一年内可重至四五两。"（图 1-9）

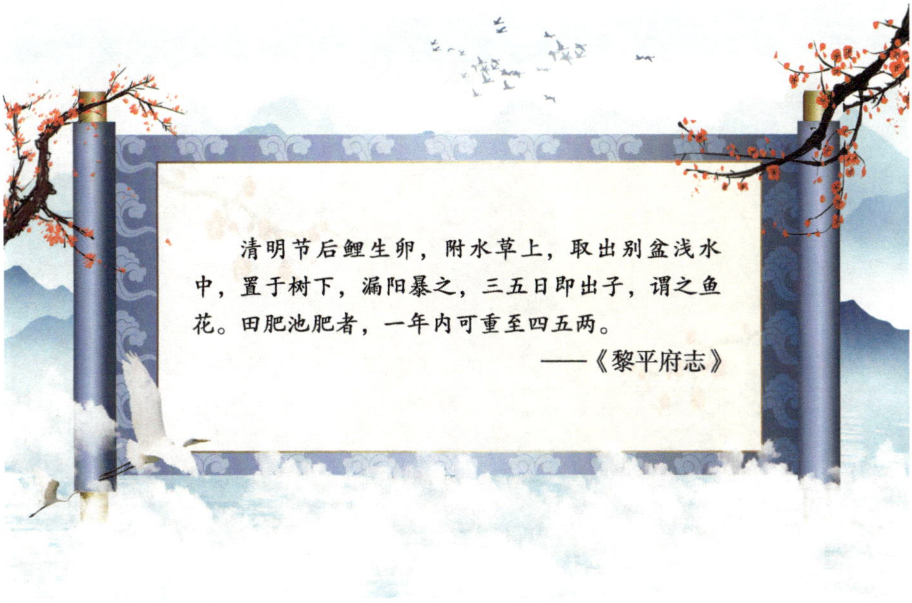

图 1-9　黎平府志节选

第二节　稻渔综合种养里程碑

（一）浙江省青田县稻鱼共生系统

2005 年 5 月 16 日，浙江省青田县稻鱼共生系统被联合国粮农组织列为首批“全球重要农业文化遗产”。

联合国粮农组织在世界范围内，评选出了 5 个古老的农业系统并将其列入“全球重要农业文化遗产”。浙江省青田县稻鱼共生系统成为了第一批“全球重要农业文化遗产”。当时，它不仅是中国唯一一个，也是亚洲唯一一个“全球重要农业文化遗产”。（图 1-10）

图 1–10　全球重要农业文化遗产——中国青田稻鱼共生系统石牌

位于浙南山区的青田县属亚热带季风气候，温暖湿润，据传早在宋朝，稻田养鱼就比较普及，至今已有 1200 多年的历史。《青田县志》中有“田鱼，有红、黑、驳数色，土人于稻田及圩池养之”的记载，是有关青田县稻田养鱼的最早文字记录。（图 1–11）

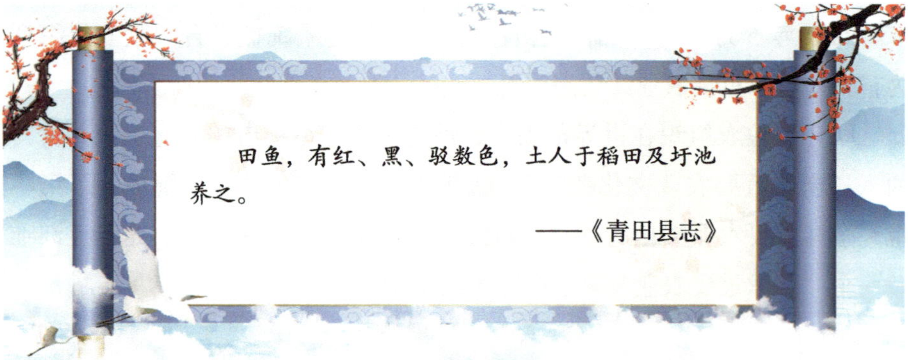

图 1–11 《青田县志》节选

（二）贵州从江稻鱼鸭复合系统

2011 年 6 月 11 日，贵州从江稻鱼鸭复合系统成为“全球重要农业文化遗产”保护试点地。这是我国第四个被评为“全球重要农业文化遗产”的地方。

2017 年 9 月 18 日，联合国粮农组织以及中、日、韩等国家有关部门与地方政府的领导和专家到从江县加榜梯田对稻鱼鸭复合系统进行考察，并为联合国粮农组织授予的“全球重要农业文化遗产贵州从江稻鱼鸭复合系统”举行揭牌仪式。（图 1–12）。

图 1–12 “全球重要农业文化遗产贵州从江稻鱼鸭复合系统”揭牌仪式

贵州省黔东南苗族侗族自治州，是全国最大的侗族聚居地之一。在从江层峦叠嶂的大山里，在清澈的都柳江畔，侗族人民在这里繁衍栖息，勤劳的侗族人民在生产中形成了稻鱼鸭多元共生的立体生态农业系统。

（三）倪达书创立了稻鱼共生理论

图 1-13　倪达书在查看稻田养鱼情况

倪达书（1907—1992 年），江苏无锡人，原生动物学家、鱼类养殖学家和鱼病学家（图 1-13）。1932 年毕业于国立中央大学，1949 年后，任中国科学院水生生物研究所研究员。国际原生动物学家协会终身名誉会员，中国鱼病学的创始人，创立了稻鱼共生理论。1990 年，倪达书等人编写的《稻田养鱼的理论与实践》由中国农业出版社出版。

20 世纪 50 年代，倪达书就开始对传统的稻田养鱼进行总结，在《中国淡水鱼类养殖学》（第一版，1961 年）中写了“稻田养鱼”一章，并在《人民日报》《大公报》上发表文章提倡稻田养鱼。但传统的稻田养鱼主要是利用稻田水体饲养少量食用鱼，由于缺少科学的指导，技术水平低，产量不高，作用也不大，所以未引起稻作和养鱼专家的重视，到 20 世纪 60 年代便出现衰落的状况。随着人口的日益增多，粮食和动物蛋白的需求十分迫切，必须改革传统的稻田养鱼才能适应社会发展的需要。

1972 年，倪达书带着有关稻田养鱼的新设想，到武汉市东西湖养殖场农业队进行试验。从整田、插秧、开沟、挖鱼坑到放养草鱼苗和田间管理，他都事必躬亲。经过三年的试验和研究，每亩养鱼稻田增产稻谷 8%～43.7%，实现了稻田养鱼、以鱼促稻的增产预期。之后又在实践中认识到稻鱼之间在稻田生态系统中存在着互利共生的关系，具有良好的生态功能。为了探索这一功能的作用，并用于指导生产实践，使其发挥更大的经济效益和社会效益，1980 年初，在中国科学院生物学部的支持下，73 岁高龄的倪达书奔赴中国科学院长沙农业现代化研究所桃源试验站，进行实地勘察并确定稻田养鱼的试验基地用地，开展“稻田养草鱼种及其生态功能的研究”工作。同时，多次深入湖北省黄陵、黄冈、红安等地实地指导。1983 年 9 月，“稻田养草鱼种及其生态功能的研究”的成果通过了中国科学院成果鉴定，并获得 1983 年度中国科学院重大科技成果奖二等奖。这项成果提出了稻鱼共生理论，阐述了稻田养草鱼种的生态功能。这一功能具有促稻增产的作用，早稻小区正交对比试验结果显示，平均增产 7.8%；大田示范对比结果显示，增产幅度 4% ~ 25%，平均为 10% 以上。还有保鱼健康少病的作用，使每亩稻田能收获优质草鱼种 350 尾以上；另外，可减轻稻农中耕除草等体力劳动的负担，大量减少孑孓的孳生数量，并降低了蚊虫传播疾病的风险。通过农渔结合的研究，制定了稻田养鱼的技术操作规程，确定了稻鱼配套的几种形式，并进行了农渔结合试点，解决了稻鱼矛盾，妥善地将水稻种植业和水产养殖业有机地结合起来，进行一体化生产，在稻田养鱼生产实践上有较大的发展和提高。

1981 年 8 月，倪达书给中央领导写信，在信中他从稻田养鱼的意义、优越性到推广试验的科学论证，从提高稻谷产量和鱼种收入，到组织稻作、植保、土肥、水产等专家的共同合作，都作了详细阐明，并建议国家水产总局把稻田养鱼技术下达到各地的水产研究单位和技术推广站，向稻区农民示范推广。他的建议很快被采纳。随后，《湖北日报》、《湖北科技报》、《光明日报》、《科学报》、《长江日报》、《湖南日报》、《人民日报》（英文版）、《瞭望》杂志、《科学与人》杂志、《人物》杂志以及有关宣传部门，对倪达书的事迹和稻鱼共生理论，都进行了大力的宣传报道。这样，中国水稻种植业和水产养殖业相结合的一种新的生产技术革命，就在倪达书的推动下蓬勃开展起来。

1984 年，农牧渔业部组织由四川省水产局牵头，北京、河北、江苏、安徽、浙江、江西、福建、河南、湖南、广东、广西、陕西、四川、贵州、云南等 17 省（自治区、直辖市）共同承担的“稻田养鱼技术”推广项目正式启动，由倪达书等 6 人任该项目指导小组成员，进行大面积推广。到 1986 年，全国稻田养鱼面积超过 1500 万亩。这项推广成果获 1986 年度农牧渔业部科技进步奖一等奖。

倪达书关于稻鱼共生关系及其生态功能的系统研究，在国内外稻田养鱼史上尚属首创。1989 年 10 月，在“第二次亚洲地区稻鱼农作制的研究与发展”学术讨论会上，这项成果获得国际同行的赞誉，被誉为稻田养鱼

的首创理论。

倪达书创立的稻鱼共生理论。经过实践检验，为社会创造了巨大的经济效益，同时，生产实践又丰富了他的理论。1990 年，中国农业出版社出版了倪达书等人编写的《稻田养鱼的理论与实践》。

第二章

从稻田养鱼到稻渔综合种养的发展

在很长的一段时间里，我国稻田养鱼基本上处于自然发展状态。在民国时期，有关机构开始进行稻田养鱼试验，并向农民开展技术指导，但由于当时的社会环境，稻田养鱼的发展规模受到了制约。中华人民共和国成立后，在党和政府的领导和重视下，我国传统的稻田养鱼得到迅速发展，从传统的稻田养鱼发展到现在的稻渔综合种养。

其实，从广义来说，稻田养鱼、稻渔综合种养、稻田综合种养、稻田绿色种养等，都是稻田养鱼的不同称谓，但从狭义来看，不同称谓在内涵上存在一定区别。

稻田养鱼，是指在稻田里养鱼，养殖鲤鱼、鲫鱼、草鱼等鱼类，实现一水两用、一田双收。

稻渔综合种养，又称稻田综合种养、稻田绿色种养、稻 + “N” 模式等，是通过对稻田实施工程化改造，构建稻渔共作轮作系统，通过规模开发、产业经营、标准生产、品牌运作，能实现水稻稳产、水产品新增、经济效益提高、农药化肥施用量显著减少的目标，是一种生态循环农业发展模式。稻渔综合种养，在稻田里养殖的水产品，除了鱼类，还可养殖虾、蟹等，内涵较稻田养鱼更为丰富。

第一节 稻渔综合种养发展历程

中华人民共和国成立后，稻渔综合种养的发展历程可以总结为五个发展阶段，分别是恢复发展阶段、理论与技术的创新阶段、快速发展阶段、转型升级阶段、新一轮高效发展阶段。

（一）恢复发展阶段

时间：20 世纪 50 年代至 70 年代

1953 年，第三届全国水产会议号召试行稻田养鱼；1954 年第四届全国水产工作会议上，时任中共中央农村部部长邓子恢指出“稻田养鱼有利，要发展稻田养鱼”，正式提出了“鼓励渔农发展和提高稻田养鱼”的号召，全国各地稻田养鱼迅猛发展；1959 年全国养鱼稻田面积突破 1000 万亩。

在这期间，稻田养鱼方式仍是沿袭古老的、传统的模式，粗放粗养，一般不进行投喂和管理，单产和效益均较低。而且，这一时期家鱼人工繁殖技术还没有推广普及，稻田养鱼苗种来源困难，限制了稻田养鱼的发展。另外，20 世纪 60 年代初至 20 世纪 70 年代中期，在水稻种植中所大量推广使用的农药，导致稻田含毒量较高；加上稻田养鱼模式没有改进，水稻种植和鱼类养殖产生了巨大的矛盾，导致稻田养鱼面积大幅度滑坡。到 20 世纪 70 年代后期仍处于大幅度下滑的状态。

（二）理论与技术的创新阶段

时间：20 世纪 80 年代初期至 20 世纪 90 年代初期。

1981 年，时任中国科学院水生生物研究所副所长、研究员的倪达书提出了“稻田养鱼，鱼养稻”的稻鱼共生理论。

1988 年 10 月，中国农业科学院和中国水产科学院联合召开了“中国稻—鱼结合学术讨论会”，稻田养鱼理论有了新的发展，得到了进一步的提高和完善。

在稻田养鱼理论的指导下，我国稻田养鱼技术不断发展。各地在传统稻田养鱼技术的基础上，不断深入探索，在生产方式、养殖品种、养殖技术和基础设施建设等方面都有明显的创新和发展，积累了丰富的经验。由平板式稻田粗放养鱼逐步发展为多种多样的新形式，有的沟凼结合，有的沟塘结合，有的宽厢深沟，有的窄垄深沟（半旱式稻田养鱼或垄稻沟鱼）。养殖的水产品由原来的鲤、鲫、草鱼，增加了鲢、鳊、罗非鱼、革胡子鲶、青虾、田螺、泥鳅等种类。稻田养鱼由依靠稻田中天然饵料，发展到结合人工投喂饲料，单产水平大大提高，“千斤稻百斤鱼”的典型案例逐步发展为常态规模。稻田养鱼结构由稻鱼双元复合发展为稻、莲、萍、茭白、菜（瓜果）、禽、食用菌、鱼等多元复合结构，更充分地发挥了水田的光、热、气、水、土等资源作用。

在此期间，国家越来越重视发展水产业，使得稻田养鱼进入一个新的发展阶段。1981 年，倪达书研究员写信给中央领导，建议将推广稻田培育草鱼种作为迅速提高淡水鱼产量的一项措施。

1983 年，全国爱国卫生运动委员会把稻田养鱼列为灭蚊的重要措施；同年 8 月，原国家农业部召开了第一次全国稻田养鱼经验交流现场会。

1984 年，原国家经济委员会把稻田养鱼列入新技术开发项目，在全国 18 个省（自治区、直辖市）广泛推广。从 1987 年起，“稻田养鱼技术推广”纳入了国家农牧渔业丰收计划和国家农业重点推广计划。1990 年 10 月，原国家农业部召开了第二次全国稻田养鱼经验交流会，并制定了全国稻田养鱼“八五”“九五”规划。

稻田养鱼理论的形成和完善，稻田养鱼新技术的创新开发，各级政府的重视和大力推广，极大地推进了我国稻田养鱼的发展。1982 年，全国仅有浙江、安徽、福建、江西、湖北、湖南、广西、四川、贵州、云南、陕西 11 个省（自治区）发展稻田养鱼，养鱼稻田面积 510 万亩，成鱼产量 2 万多吨，成鱼单产 4.67 千克 / 亩。到 1994 年，稻田养鱼发展到 21 个省（自治区、直辖市），养鱼稻田面积达1280万亩，比1982年增长150%；成鱼产量21万吨，增长近10倍；成鱼单产16.2千克/亩，比1982年增长247%。

（三）快速发展阶段

时间：20世纪90年代中期至21世纪初。

为进一步促进稻田养鱼的发展，1994年9月原国家农业部召开了第三次全国稻田养鱼（蟹）现场经验交流会，时任农业部常务副部长吴亦侠出席会议并作重要讲话。讲话中指出，发展稻田养鱼不仅是一项新的生产技术措施，而且是一项具有综合效益的系统工程，既是抓“米袋子”，又是抓“菜篮子”，也是抓群众的“钱夹子”。同年12月，经国务院同意，原国家农业部向全国农业、水产、水利部门印发了《关于加快发展稻田养鱼，促进粮食稳定增产和农民增收的意见》的通知。随后在1996年4月、2000年8月，原国家农业部又召开了两次全国稻田养鱼现场经验交流会。各级渔业主管部门和水产技术推广部门同心协力，大力推广稻鱼工程技术和稻田养殖名特优品种新技术，极大地提高了稻田养鱼的经济效益，起到了增粮、增鱼、增收、增效的作用，稻田养鱼成为农业稳粮、农民脱贫致富的重要措施之一，得到各级政府的重视和支持，有效地促进了稻田养鱼的发展。

到2002年，全国有25个省（自治区、直辖市）发展稻田养鱼，养鱼稻田面积达2430万亩，比1994年增长91%；成鱼产量约105万吨，增长500%；成鱼单产43.2千克/亩，增长167%。

（四）转型升级阶段

时间：21世纪初至2011年。

进入21世纪，为克服传统的稻田养鱼模式品种单一、经营分散、规模较小、效益较低等问题，以适应新时期农业农村发展的要求，“稻田养鱼”推进到了“稻渔综合种养”的新阶段。“以渔促稻、稳粮增效、质量安全、生态环保”是这一新阶段的突出特征。2007 年“稻田生态养殖技术”被选入 2008—2010 年渔业科技入户主推技术。

在党的十七大以后，随着我国农村土地流转政策不断明确，农业产业化步伐加快，稻田规模经营成为可能。各地纷纷结合实际，探索了稻—鱼、稻—蟹、稻—虾、稻—蛙等新模式和新技术，并涌现出一大批以特种经济品种为主导，以标准化生产、规模化开发、产业化经营为特征的千亩甚至万亩连片的稻田综合种养典型模式，取得了显著的经济、社会、生态效益，得到了各地政府的高度重视和农民的积极响应。从 20 世纪末到 2010 年，随着效益农业的兴起，稻田养鱼由于效益较高被大力推广，为广大稻区农民的增收作出了重要的贡献。但同时由于大面积开挖鱼坑、鱼沟引起了人们对水稻可持续发展的担忧，自 2004 年开始稻渔综合种养面积出现下降，一度从 2004 年的 2445 万亩下降到 2011 年的 1812 万亩。该时期尽管稻渔综合种养面积下降，但由于养殖技术的进步，全国稻田养殖水产品产量仍稳定在 110 万吨以上。水产品单产从 2001 年的 37.04 千克 / 亩提高到 2011 年的 66.22 千克 / 亩。

2011 年是近二十年中稻渔综合种养面积的最低点，此后稻渔综合种养面积止跌回升。2011 年，原国家农业部渔业局将发展稻渔综合种养列入了《全国渔业发展第十二个五年规划（2011—2015 年）》，作为渔业拓展的重点领域。

（五）新一轮高效发展阶段

时间：2012 年至今。

党的十八大以来，习近平总书记就生态文明建设提出一系列新理念、新思想、新战略，全党全国人民践行“绿水青山就是金山银山”的理念，生态文明建设成效显著。稻渔综合种养进入新的发展阶段。

2012 年起，原国家农业部科技教育司连续两年安排 200 万元专项经费用于“稻渔综合种养技术集成与示范推广”专项工作，启动了公益性行业专项项目“稻—鱼”耦合养殖技术研究与示范工作。2016 年，全国水产技术推广总站和上海海洋大学发起成立了中国稻渔综合种养产业技术创新战略联盟，成功打造了“政、产、学、研、推、用”六位一体的稻渔综合种养产业体系；2016—2018 年连续三年的中央 1 号文件和相关规划均明确表示支持发展稻渔综合种养。2017 年 5 月，原国家农业部部署国家级稻渔综合种养示范区创建工作，33 个基地获批国家级稻渔综合种养示范区；同年，原国家农业部在湖北省召开了全国稻渔综合种养现场会，时任农业部副部长于康震要求：“走出一条产出高效、产品安全、资源节约、环境友好的稻渔综合化种养产业发展道路。”

2019 年 1 月 11 日，国家农业农村部、生态环境部、自然资源部、发展和改革委员会、财政部、科学技术部、工业和信息化部、商务部、市场监督管理总局、中国银行保险监督管理委员会等十个部委联合发布《关于加快推进水产养殖业绿色发展的意见》。

全国水产技术推广总站联合相关省份水产技术推广单位和科研院所，制定我国首个稻渔综合种养方面的行业标准《稻渔综合种养技术规范》，其中“第 1 部分：通则”已于 2017 年 9 月 30 日正式发布，并于 2018 年 1 月 1 日正式实施。

2019 年，我国有稻渔综合种养报告的省（自治区、直辖市）共 27 个。统计显示，全国稻渔综合种养面积达 3476.23 万亩，同比增长 14.26%。湖北、湖南、四川、安徽、江苏、贵州、江西、云南等省种养面积均超过 100 万亩。其中，湖北种养面积 689.78 万亩、湖南种养面积 469.52 万亩、四川种养面积 469.15 万亩、安徽种养面积 407.84 万亩，以上四个省种养面积之和占全国种养总面积的 58.58%。安徽、湖北两省新增种养面积超 100 万亩，贵州、江西、河南、湖南、黑龙江、辽宁 6 省新增种养面积超 10 万亩。2019 年，全国实施稻渔综合种养项目的省（自治区、直辖市）稻谷产量达到 1750 万吨，水产品产量超过 290 万吨。各地积极贯彻落实《农业农村部办公厅关于规范稻渔综合种养产业发展的通知》，稻渔综合种养规范化、标准化水平稳步提升，规模化、品牌化、产业化程度不断加深。稻渔综合种养在水产品稳产保供和水产养殖业绿色发展、助力脱贫攻坚、促进乡村振兴中起到的作用越来越大。

“十三五”时期以来，我国稻渔综合种养产业蓬勃发展，产业规模持续扩大，产业发展质量和效益同步提升，新业态、新模式不断涌现，规模化和组织化程度不断提高，规范化和标准化生产水平得到提升，多功能拓展和新要素价值日益突显，品牌化、产业化和区域化发展步伐加快。2020年，全国稻渔综合种养面积达到3843.85万亩，比“十二五”末期增加1591.40万亩，增幅达70.65%；生产各类水产品325.39万吨，比“十二五”末期增加169.57万吨，增幅高达108.83%。

在党和国家的正确领导下，我国稻渔综合种养发展已步入大有可为的战略机遇期。

第二节　稻渔综合种养技术规范

全国水产技术推广总站联合相关省（自治区、直辖市）水产技术推广单位和科研院所，制定我国首个稻渔综合种养方面的行业标准《稻渔综合种养技术规范》，其中“第1部分：通则”已于2017年9月30日正式发布，并于2018年1月1日正式实施。另外，还有“稻鱼（平原型、山区型、梯田型）”“稻蟹（中华绒螯蟹）”“稻虾（克氏原螯虾、青虾）”“稻鳖”“稻鳅”等系列标准。

2020年9月2日，全国稻渔综合种养发展提升现场会在四川省内江隆昌市召开。会议发布了《稻渔综合种养技术规范　稻虾》《稻渔综合种养技术　稻鳅》和《稻渔综合种养技术规范　稻鳖》三个种养模式标准。这三个标准发布为中华人民共和国农业行业标准，自2021年1月1日起实施。此外，《稻渔综合种养技术规范　稻鲤》、《稻渔综合种养技术规范　稻蟹》等其他种养模式标准还将继续制定，稻渔综合种养标准体系将得到不断完善。

SC/T 1135《稻渔综合种养技术规范》分为6部分：

——第1部分：通则；

——第2部分：稻鲤；

——第 3 部分：稻蟹；
——第 4 部分：稻虾（克氏原螯虾）；
——第 5 部分：稻鳖；
——第 6 部分：稻鳅。

（一）《稻渔综合种养技术规范 通则》主要内容

1. 术语和定义

（1）共作

在同一稻田中同时种植水稻和养殖水产养殖动物的生产方式。

（2）轮作

在同一稻田中有顺序地在季节间或年间轮换种植水稻和养殖水产养殖动物的生产方式。

（3）稻渔综合种养

通过对稻田实施工程化改造，构建稻渔共作轮作系统，通过规模开发、产业经营、标准生产、品牌运作，能实现水稻稳产、水产品新增、经济效益提高、农药化肥施用量显著减少，是一种生态循环农业发展模式。

（4）茬口

在同一稻田中种植和水产养殖的前后季作物、水产养殖动物及其替换次序的总称。

（5）沟坑

用于水产养殖动物活动、暂养、栖息等用途而在稻田中开挖的沟和坑。

（6）沟坑占比

种养田块中沟坑面积占稻田总面积的比例。

（7）田间工程

为构建稻渔共作轮作模式而实施的稻田改造，包括进排水系统改造、沟坑开挖、田埂加固、稻田平整、防逃防害防病设施建设、机耕道路和辅助道路建设等内容。

（8）耕作层

经过多年耕种熟化形成稻田特有的表土层。

2. 技术指标

（1）水稻单产

平原地区水稻产量每亩不低于 500 千克，丘陵山区水稻单产不低于当地水稻单作平均单产。

（2）沟坑占比

沟坑占比不超过 10%。

（3）单位面积纯收入提升情况

与同等条件下水稻单作对比，单位面积纯收入平均提高 50% 以上。

（4）化肥施用减少情况

与同等条件下水稻单作对比，单位面积化肥施用量平均减少 30% 以上。

（5）农药施用减少情况

与同等条件下水稻单作对比，单位面积农药施用量平均减少 30% 以上。

（6）渔用药物施用情况

无抗菌类和杀虫类渔用药物使用。

（二）《稻渔综合种养技术规范 稻虾（克氏原螯虾）》主要内容

1. 田间工程

（1）稻田面积

单一田块面积 5 亩以上，一个生产单元以 30 ~ 50 亩为宜（生产单元平面图见图 2-1，生产单元剖面图见图 2-2）。

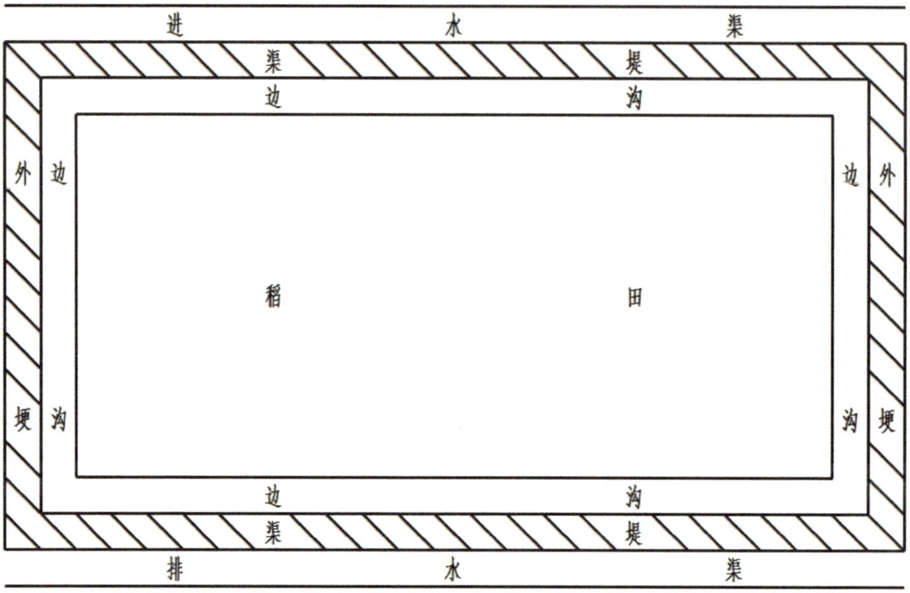

图 2-1 生产单元平面图

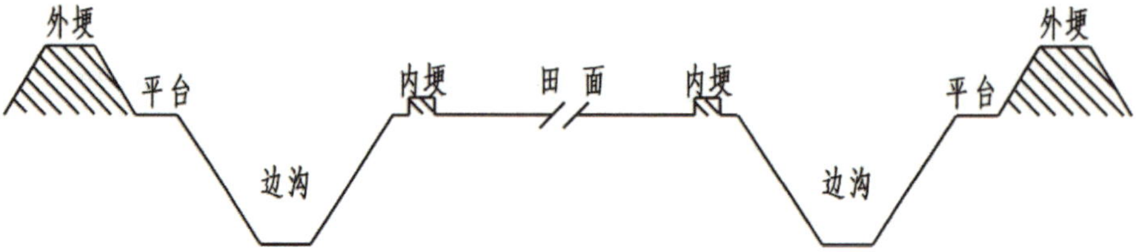

图 2-2 生产单元剖面图

（2）边沟

距离稻田外埂内侧 1 ~ 2 米处开挖边沟，边沟结合稻田形状和大小，可挖成环形、U 形、L 形、I 形等形状。沟深 0.8 ~ 1.5 米，宽 2 ~ 4 米，坡比 1∶1，边沟面积占比应符合 SC/T 1135.1 的要求。在交通便利的一侧留宽 4 米左右的机械作业通道。

（3）田埂

① 外埂

利用开挖边沟的泥土加宽、加高外埂。外埂加高加宽时，宜逐层打紧夯实，堤埂不应开裂、渗漏。改造后的外埂，高度宜高出田面 80 厘米，使稻田最高水位能达到 50 ~ 60 厘米。埂面宽不少于 150 厘米，坡比以 1 :（1 ~ 1.5）为宜。

② 内埂

在靠近边沟的田面筑好高 20 厘米、宽 30 厘米的内埂，将田面和边沟隔开。

（4）进、排水系统

具备相对独立的进、排水设施。进水口建在田埂上，比田面高 50 厘米左右；排水口建在边沟最低处。进水口和排水口呈对角设置且均安装双层防逃网。防逃网宜用孔径 0.25 毫米的网片做成长 150 厘米、直径 30 厘米的网袋。

（5）防逃设施

用厚塑料薄膜或钙塑板沿外埂四周围成封闭防逃墙，防逃墙埋入地下 10 ~ 20 厘米，高出地面 40 ~ 50 厘米，四角转弯处成弧形。

（6）稻田消毒

稻田改造完成后，加水至比田面高 10 厘米左右，用生石灰 100 千克 / 亩带水进行消毒。

（7）水草种植

① 田面种植

田面宜种植伊乐藻，种植时间为前一年 11 月至第二年 2 月。在稻田消毒 7 ~ 10 天后，提高水位至田面上 20 厘米左右，开始种植伊乐藻。要求行距 8 米左右，株距 4 ~ 5 米，伊乐藻草团直径 30 厘米左右。

② 边沟种植

边沟内选种伊乐藻、轮叶黑藻、空心莲子草（水花生）等水草，种植面积占边沟面积的 30% 左右。伊乐藻种植时间与田面上种植伊乐藻时间相同，轮叶黑藻种植时间宜在 3 月，空心莲子草宜在春季水温高于 15 摄氏度时种植。

2. 水稻种植

（1）品种选用

水稻品种选用参照 SC/T 1135.1 的规定执行。

（2）田面整理

5月底至6月初整田，以达到机械插秧或人工插秧的要求。

（3）秧苗栽插

6月中旬前完成栽插，可机械插秧或人工插秧，结合边行密植确保水稻栽插密度达到1.2万～1.4万穴/亩，每穴秧苗2～3株。

（4）晒田

参照NY/T 5117的规定执行，宜采取2次轻晒，每次晒田时间3～5天，轻晒至田块中间不陷脚即可。第一次晒田后复水至3～5厘米深，5天后即可进行第二次晒田。晒田时，边沟中水位低于田面30厘米左右。

（5）施肥

肥料的使用应符合NY/T 496的要求。施肥时施足基肥，水稻栽插后根据水稻长势施用分蘖肥和穗肥，参照NY/T 5117的规定执行。不应使用对克氏原螯虾有害的氨水、碳酸氢铵等化肥。

（6）水分管理

水稻种植期的水位管理情况见表2-1。

表2-1　水稻种植期的水位管理情况

时期	水位
整田至7月	高于田面5厘米左右
7—9月	高于田面20厘米左右
晒田期	低于田面30厘米左右
水稻收割前7天至水稻收割	低于田面20～30厘米

（7）病虫害防治

农药使用应符合NY/T 5117和NY/T 1276的要求，不应使用对克氏原螯虾有害的药物。宜采用灯诱、化诱等物理、化学方法杀灭害虫。

（8）收割与秸秆还田

用于繁育克氏原螯虾苗种的稻田在10月上旬左右进行水稻收割，留茬40厘米左右并将田面散落的稻草集中堆成小草堆；其他稻田的水稻正常收割。

（9）水稻生产指标

水稻产量、质量、经济效益和生态效益应符合 SC/T 1135.1 的要求。

3. 克氏原螯虾养殖

（1）种苗来源

优先选择本地具有水产苗种生产经营许可证的企业生产的种苗，并经检疫合格。种苗运输时间不宜超过 2 小时。

（2）幼虾投放

① 投放时间

宜在 3 月中旬至 4 月中旬投放第一批幼虾；在秧苗返青后，根据稻田存留幼虾情况，补充投放第二批幼虾。

② 幼虾质量

幼虾质量宜符合以下要求：

a）规格整齐；

b）体色为青褐色最佳，淡红色次之；

c）附肢齐全，体表光滑；

d）反应敏捷，活动能力强。

③ 规格及投放量

投放第一批幼虾时，规格 3 ~ 4 厘米的幼虾，投放量宜为 6000 ~ 8000 只 / 亩；规格 4 ~ 5 厘米的幼虾，投放量宜为 5000 ~ 6000 只 / 亩。投放第二批幼虾时，规格 5 厘米左右的幼虾，投放量宜为 2000 ~ 4000 只 / 亩。

（3）亲虾投放

① 投放时间

宜在 8 月至 10 月投放。

② 亲虾质量

亲虾质量宜符合以下要求：

a）附肢齐全、无损伤，体格健壮、活动能力强；

b）体色暗红或深红色，有光泽，体表光滑，无附着物；

c）规格不低于 35 克 / 只；

d）雌、雄亲虾来自不同养殖场所。

③ 投放量

投放量以 15 ~ 30 千克 / 亩为宜。

4. 种苗运输与投放

种苗一般采用塑料框铺水草保湿运输。如果离水时间较短，直接将虾分开轻放到浅水区或水草较多的地方，让其自行进入水中；如果离水时间较长，放养前须进行如下操作：先将虾在稻田水中浸泡 1 分钟左右，提起搁置 2 ~ 3 分钟，再浸泡 1 分钟，再搁置 2 ~ 3 分钟，如此反复 2 ~ 3 次，让虾体表和鳃腔吸足水份，再将虾分开轻放到浅水区或水草较多的地方，让其自行进入水中。

5. 投喂

（1）饲料种类

饲料种类包括植物性饲料、动物性饲料和克氏原螯虾专用配合饲料。提倡使用克氏原螯虾专用配合饲料，配合饲料应符合 GB 13078 和 NY 5072 的要求。

（2）投喂方法

饲料宜早晚投喂，以傍晚为主。饲料投喂时宜均匀投在无草区，日投饵量为稻田虾总重的 2% ~ 6%，以 2 小时吃完为宜，具体投喂量根据天气和虾的摄食情况进行调整。

6. 养殖管理

（1）水位控制

克氏原螯虾养殖期的水位控制情况见表 2–2。

表 2-2　克氏原螯虾养殖期的水位控制情况

时期	水位
1—2 月	高于田面 50 厘米左右
3 月	高于田面 30 厘米左右
4 月	高于田面 40 厘米左右
5 月至整田前	高于田面 50 厘米左右
整田至水稻收割	见表 2–1
水稻收割后至 11 月	高于田面 30 厘米左右
11—12 月	高于田面 40 ~ 50 厘米

（2）水质调节

在苗种培育期，宜施发酵腐熟的农家有机肥，施用量为 100 ~ 150 千克 / 亩，再结合补肥、加水、换水等措施使整个养殖期间水体透明度控制在 25 ~ 35 厘米。其他时间根据水色、天气和虾的活动情况，采取补肥、加水、换水等方法调节水质，使水体透明度始终控制在 35 ~ 45 厘米。

（3）水草管理

水草种植之前，水草面积控制在总面积的 30% ~ 50%，水草过多时及时割除，水草不足时及时补充。高温季节宜对伊乐藻、轮叶黑藻进行割茬处理，防止高温烂草。经常检查水草生长情况，水草根部发黄或白根较少时及时施肥。在水草虫害高发季节，每天检查水草有无异常，发现虫害，及时使用杀虫剂进行处理。

（4）巡查

每日早、晚巡查，观察稻田的水质变化以及虾的吃食、蜕壳生长、活动、有无病害等情况，及时调整投饲量，定期检查、维修防逃设施，发现问题及时处理。

7. 病害防控

发生病害时，应准确诊断，对症治疗，治疗用药应符合 SC/T 1132 的规定。平时宜采取以下措施预防病害：

（1）苗种放养前，边沟内泼洒生石灰消毒；

（2）运输和投放苗种时，避免造成虾体损伤；

（3）加强水草的养护管理；

（4）定期改良底质，调节水质；

（5）适时捕大留小，降低养殖密度。

8. 捕捞

（1）捕捞时间

投放幼虾时，第一批成虾捕捞时间为 4 月下旬至 6 月上旬；第二批成虾捕捞时间为 8 月上旬至 9 月底。投放亲虾时，幼虾捕捞时间为 3 月中旬至 4 月中旬；成虾捕捞时间和投放幼虾的时间相同。

（2）捕捞工具

捕捞工具以地笼为主。幼虾捕捞地笼网眼规格以 1.6 厘米为宜；成虾捕捞地笼网眼规格以 2.5 ~ 3.0 厘米为宜。

（3）捕捞方法

捕捞初期，将地笼放在田面上及边沟内，隔 3 ~ 5 天转换一个地方。当捕获量渐少时，降低稻田水位，使虾落入边沟内，再集中在边沟内放地笼。用于繁育克氏原螯虾苗种的稻田，在秋季进行成虾捕捞时，当日捕捞量低于 0.5 千克 / 亩时停止捕捞，剩余的虾用来培育亲虾。

（三）《稻渔综合种养技术规范 稻鳖》主要内容

1. 田间工程

（1）稻田面积

平原地区田块面积以 5 ~ 50 亩为宜，山区以 1 亩以上为宜。

（2）沟坑

沟坑占比应符合 SC/T 1135.1 的要求，宜按下列要求开挖边沟或坑：

边沟沿田埂内侧 50 ~ 60 厘米处开挖，宽 3 ~ 5 米，深 1.0 ~ 1.5 米。稻田机械作业的，需要留出 3 ~ 5 米宽的农机通道。

坑位紧靠进水口的田角处或一侧，形状呈矩形，深度 1.0 ~ 1.2 米，四周用密网或聚氯乙烯板设置围栏，围栏向坑内侧倾斜角度为 10 ~ 15 度，坑埂高出稻田平面 10 ~ 20 厘米。

（3）田埂

田埂的改造按照 SC/T 1009 的规定执行，利用挖沟坑的泥土加宽、加高、加固田埂。

（4）进、排水设施

进、排水系统独立设置，进水口与排水口呈对角设置，并用密网包裹。排水口建在排水沟渠最低处。

（5）食台设置

宜在沟坑边侧设置食台，设置方法参照 GB/T 26876 的规定执行。

（6）防逃设施

参照 GB/T 26876 的规定执行。

（7）监测监控系统

宜在田块四周、沟坑上方安装实时监控系统，在整个养殖区域进、排水处安装水质监测系统。

2. 水稻种植

（1）品种选用

水稻品种选用参照 SC/T 1135.1 的规定执行。

（2）田面整理

插秧前应整田，以达到机械插秧或人工插秧的要求。

（3）秧苗栽插

采取机械插秧或人工插秧的方式插秧，宜采用大垄双行栽种模式，水稻栽插密度应达到 1.2 万 ~ 1.4 万穴 / 亩，每穴秧苗 2 ~ 3 株。

（4）晒田

参照 NY/T 5117 的规定执行。晒田时，应缓慢排水，促使鳖进入沟坑。

（5）施肥

根据稻田的肥力施足基肥，后期根据需要合理施用分蘖肥、穗肥，以有机肥为主。以鳖池为基底的稻鳖共作，一般无需施肥。

（6）水分管理

插秧后，前期以浅水勤灌为主，田间水层不宜超过 4 厘米；孕穗阶段保持 10～20 厘米深水，同时采用灌水、排水相间的方法控制水位。

（7）病虫害防治

按照 NY/T 5117 的规定执行，宜采用物诱、化诱等物理和化学方法生态防治。

（8）收割

水稻成熟后，应及时收割，秸秆还田。

3. 稻田中华鳖养殖

（1）品种选用

优先选用经全国水产原种和良种审定委员会审定的品种，来自具有水产苗种生产经营许可证的企业生产的苗种，检疫合格，或选用自繁自育适合本地区养殖的品种，质量应符合 SC/T 1107 的要求。

（2）放养

① 消毒

按照 GB/T 26876 的规定执行。

② 放养时间及方式

参照 GB/T 26876 的规定执行。先鳖后稻模式在插秧前半个月至一个月放养中华鳖，先将鳖限制在沟坑内养殖，待插秧一个月后放鳖进入稻田；先稻后鳖宜在水稻生长 2 个月左右放养中华鳖。放养应选择在水温 20 摄氏度以上的连续晴天进行，放养温差不超过 2 摄氏度。

③ 规格与数量

中华鳖放养密度建议：个体重量为 150～250 克的按照 250～350 只 / 亩，个体重量为 250～350 克的按照 180～250 只 / 亩，个体重量为 350～500 克的按照 120～180 只 / 亩，个体重量为 500～750 克的按照 100～120 只 / 亩。

（3）养殖管理

投喂：投喂中华鳖人工配合饲料，饲料质量应符合 GB/T 32140 的要求，投饲管理参照 GB/T 26876 的规定执行。

水质调节：根据水质变化情况适时进行调控，水质应符合 GB 11607 和 NY/T 5361 的要求。

巡查：及时清除危害中华鳖的敌害生物，及时检查是否漏水、防逃设施是否损坏。

（4）疾病防治

疾病防治参照 GB/T 26876 的规定执行。

（5）捕捞

可采用地笼、清底翻挖等方式捕获。

（6）越冬

水稻收割后，沟坑内应及时注入新水，水位保持在 50 厘米以上为宜。中华鳖冬眠期间不宜注水和排水；冰封时，应及时在冰面上打洞。

（四）《稻渔综合种养技术规范 稻鳅》主要内容

1. 田间工程

（1）稻田面积

平原地区田块面积以 10 ~ 15 亩为宜；山区和丘陵地区以 1 ~ 5 亩为宜。

（2）环沟、田间沟和暂养沟

① 面积占比

边沟、田间沟和暂养沟的面积占比应符合 SC/T 1135.1 规定。

② 边沟

根据田块地形和大小，因地制宜，在距离田埂内侧 1 m 处开挖边沟，可挖成口形、U 形、L 形、I 形等形状，沟宽 1 ~ 2 米，深 0.5 ~ 1 米，坡比为 1 : 1；在交通便利的一侧留宽 4 米左右的机械作业通道。

③ 田间沟

根据田块大小，宜选择在稻田中央挖“十”字形或“井”字形田间沟，

宽 30 ~ 40 厘米，深 30 ~ 40 厘米，与边沟相通。

④ 暂养坑

在进水口和边沟交汇的地方开挖暂养坑，占稻田面积的 0.5% ~ 1%，长宽比以 3∶2 为宜，深 1 ~ 1.5 米。在暂养坑底铺一层厚 0.1 ~ 0.2 毫米的塑料膜，然后在塑料膜上平压一层 10 ~ 15 厘米厚的泥土；在暂养坑上方设置遮阳网，遮阳网的面积应达到暂养坑面积的 80%。

（2）田埂

加高加宽加固田埂，田埂比田面高 60 ~ 80 厘米，底宽 120 厘米，顶宽 80 厘米，田埂应夯实，不漏水。

（3）进、排水设施

具备相对独立的进、排水系统。进水口建在田埂上，离田面 50 厘米高；排水口建在边沟最低处；稻田进排水口呈对角位置，进、排水口安装双层防逃网，外层用 0.3 毫米孔径聚乙烯网，内层用 0.3 毫米孔径铁丝网做成拦鱼栅。

（4）防逃设施

在田埂四周内侧埋设防逃设施，应采用 0.4 ~ 0.6 毫米孔径的聚乙烯网片，高出田埂和进水口 20 ~ 30 厘米，用木桩或小竹竿固定，并埋入土下 50 ~ 60 厘米，四角成圆弧形。

2. 水稻种植

（1）品种选用

参照 SC/T 1135.1 的规定执行。

（2）田面整理

插秧前应整田，以达到机械插秧或人工插秧的要求。

（3）秧苗移栽

5 月至 6 月，或根据当地农时确定水稻插秧时间，采取机械插秧或人工插秧的方式插秧；结合边行密植，确保水稻栽插密度达到 1.2 万 ~ 1.4 万穴 / 亩，每穴秧苗 2 ~ 3 株。

（4）晒田

参照 NY/T5117 的规定执行。宜轻晒，以田块中间不陷脚、田面表土无裂缝和发白、水稻浮根泛白为宜，晒田结束后及时复水。

（5）施肥

肥料施用应符合 NY/T 496 的要求。以有机肥为主，第一年宜施经发酵的有机肥 500 ~ 600 千克 / 亩，后期根据水稻长势施用分蘖肥和穗肥各 1 ~ 2 次，第二年起逐渐减少化肥施用量。肥料施用时应一次施半块田，间隔 1 天后施另外一半田。不应将肥料撒入边沟、田间沟和暂养坑内。不应使用对泥鳅有害的氨水、碳酸氢铵等化肥。

（6）水位管理

水稻生长初期，田面水深应保持在 5 厘米左右。随水稻生长，可加深至 15 厘米左右。水稻收割后，气候寒冷地区稻田不再灌水，保持边沟最大水深。

（7）病虫害防治

农药使用应符合 NY/T 5117 和 NY/T 1276 的要求，不应使用对泥鳅有害的药物。宜采用灯诱、化诱等物理及化学方法杀灭害虫。

（8）收割

水稻收割前应排水。先迅速排水，待稻田水位下降至田面上 5 ~ 10 厘米后，再缓慢排水。边沟内水位保持在 50 ~ 70 厘米。待田面晾干后收割稻谷。

（9）水稻生产指标

水稻产量、质量、经济效益和生态效益应符合 SC/T 1135.1 的要求。

3. 泥鳅养殖

（1）鳅种来源

鳅种应来自具有水产苗种生产经营许可证的企业，并经检疫合格。鳅种质量符合 SC/T 1125 的规定。

（2）运输

鳅种运输前，宜用 3% ~ 4% 的食盐小苏打合剂（1∶1）消毒，浸洗 5 ~ 10 分钟。宜采取氧气袋充氧运输，每袋装水 3 千克，3 ~ 4 厘米规格鳅种 800 ~ 1000 尾。运输时间以不超过 6 小时为宜。

（3）鳅种放养

秧苗移栽 10 ~ 20 天后，放养鳅种。放养的鳅种要求体质健壮、体表光滑、无病无伤、活动力强。投放时应进行温差调整，将氧气袋放入拟投放的水体30分钟左右，使氧气袋内外水温温差≤2摄氏度，再打开氧气袋，让鳅种游入水体。我国中部和南方地区，宜放养3~4厘米/尾规格的鳅种1万~1.5万尾/亩；北方地区，宜放养7~8厘米/尾规格的鳅种0.5万~0.8万尾/亩。

（4）投喂

① 饵料培养

鳅种放养前10天左右，按照沟坑面积施经发酵的有机肥200~250千克/亩，主要施入沟坑内。

② 饲料选用

粉料投喂10~15天，破碎料投喂20~30天，之后调整为颗粒饲料继续投喂，饲料的蛋白质含量以25%~30%为宜。饲料质量应符合GB13078和NY 5072的规定。

③ 投饲量

利用稻田饵料资源，减量投喂，日投饵量为泥鳅体重的2%~3%。阴天和气压低的天气应减少投饵量。每次投喂的饲料量，以1~2小时吃完为宜。水温高于30摄氏度，低于10摄氏度时不投喂。

④ 投喂方法

投喂地点选在边沟和暂养坑内，每天宜在9:00和17:00各投喂一次。投喂应定时、定位、定质、定量。

⑤ 病害防控

发生病害时，应准确诊断、对症治疗，治疗用药应符合SC/T 1132的规定。平时宜通过以下措施进行病害预防：6月至10月，每月在边沟和暂养坑泼洒1次生石灰进行消毒，按照沟坑面积计算用量，以5千克/亩为宜；定期加注新水，调节水质。

4. 日常管理

（1）水质管理

6月至10月，每月宜按沟坑面积追施经发酵的有机肥50千克/亩，并添加 0.5 千克过磷酸钙，坑中水的透明度控制在 20 ~ 25 厘米。每隔一个月宜在沟坑遍洒一次漂白粉，用量按产品使用说明书使用。水温超过 30 摄氏度时，每 15 天宜换 10% 的清水，并增加田面水深至 30 厘米。

（2）巡查

早晚巡查，检查田埂有无漏洞，检查进排水口及防逃设施有无损坏。降雨量大时，将稻田内过量的水及时排出，防止泥鳅逃逸。

（3）防敌害

及时清除、驱除稻田中的敌害生物。

5. 捕捞

水稻收割前要排水，应将泥鳅聚集到边沟和暂养坑中，用抄网捕获。对抄网未能捕获的泥鳅可采用诱饵笼捕法捕获。

第三节　稻渔综合种养代表性模式

2018 年以来，稻田养鱼向“稻 + N（不同水产动物）”发展，并提出了稻渔综合种养的概念。各地在探索中，形成了五种主导的技术模式，即稻鱼种养模式、稻蟹种养模式、稻虾种养模式、稻鳖种养模式、稻鳅种养模式。

至“十三五”末期，稻虾种养规模一跃成为第一，种养面积和水产品产量分别为 1892 万亩、206.23 万吨，分别占全国稻渔综合种养面积和水产品产量的 49.22%、63.38%。稻鱼种养规模居第二，种养面积 1500 万亩、水产品产量 80 万吨，分别占全国稻渔综合种养面积和水产品产量的 39.02%、24.59%。稻虾和稻鱼种养面积占比之和为 88.24%，水产品产量占比之和为 87.97%。稻蟹种养规模仍位居第三，种养面积 190 万亩、水产品产量 6.32 万吨，分别占全国稻渔综合种养面积和水产品产量的 4.94%、1.94%。稻鳅、稻鳖、稻蛙、稻螺等其他种养模式总面积和水产品总产量分别为 262 万亩、32.84 万吨。

（一）稻渔综合种养的发展

从主要模式发展情况来看，全国主要情况如下：各地在养殖品种、技术模式等方面不断探索实践，因地制宜，形成了稻虾、稻鱼、稻蟹、稻鳅、稻鳖等一批区域特色明显、综合效益显著的主导种养模式。2018 年，从五大主要种养模式实施的面积分布来看，稻虾种养面积约占全国稻渔综合种养总面积的一半（49.67%），其次为稻鱼种养（42.10%），稻蟹种养、稻鳅种养、稻鳖种养及其他种养模式的占比相对较小，分别为 4.97%、1.57%、1% 和 0.69%。从水产品产量上看，稻虾种养产量占全国稻渔综合种养总产量的 62.31%，其余依次为稻鱼种养 29.42%，稻鳅种养 2.96%，稻蟹种养 1.83%，稻鳖种养 0.77%，其他种养 2.71%。

（二）主要模式发展情况

1. 稻虾种养模式

（1）稻虾种养发展情况

稻虾种养主要分布于长江中下游平原地区，即湖北省、湖南省、安徽省、江西省、江苏省等五个省份。该地区属于亚热带季风气候，年降水量 1000 毫米以上，年平均气温 16 ~ 18 摄氏度，河网密布、湖泊众多，水资源极其丰富，同时拥有大量低湖田、冷浸田和冬闲田，为稻虾种养发展提供了得天独厚的资源条件。2020 年，上述五省稻虾种养总面积约 1700 万亩，总产量达 190 万吨，分别占全国稻虾种养总面积和总产量的 90% 和 92%。

（2）湖北省稻虾种养模式情况

选择地势低、保水性好的稻田，面积 10 ~ 50 亩，田埂加宽加高加固，开挖稻田环沟，移栽水草，水草栽植面积占环沟面积 30% 左右（图

2–3）。8 月下旬，亩放养规格 30 克 / 只左右的亲虾 15 ~ 25 千克，雌雄比例 2∶1；或者 3 月下旬至 4 月上旬，每亩投放规格 250 ~ 500 只 / 千克的幼虾 1 万 ~ 1.5 万只。3 月下旬至 5 月中旬加大投喂，可投喂菜饼、豆渣、大豆、螺肉、蚌肉、莴苣叶、黑麦草等。实行轮捕轮放，实现稻虾连作、稻虾共作与小龙虾生态繁育的良性循环。该模式实现了稻田小龙虾全年候生产以及自繁、自育、自产的良性循环，经济效益显著，可亩产小龙虾 150 千克以上（包括虾种、成虾、亲虾），亩产稻谷 650 千克，产值可达 5500 元 / 亩以上，纯利润 4000 元 / 亩左右。

图 2–3　湖北省潜江市稻虾种养（陶忠虎 / 摄）

2. 稻鱼种养模式

（1）稻鱼种养发展情况

稻田养鱼在我国有悠久的历史，文化底蕴十分深厚，在全国大多数省份均有分布。稻鱼种养模式也是我国山区、梯田地区开展稻渔综合种养的主要应用模式。2018 年，全国稻鱼种养面积排名前五的省（自治区）依次为四川、湖南、云南、贵州、广西，这 5 个省的稻鱼种养面积之和占全国稻鱼种养总面积的 80.65%；稻鱼种养水产品产量排名前五的省依次为四川、湖南、云南、贵州、江西，这 5 个省的稻鱼种养水产品产量之和占全国稻鱼种养水产品总产量的 93.21%。

稻鱼种养在我国主要分布于南方丘陵山区，包括我国西南部的四川、贵州、云南的大部分地区，湖南的西部和南部，广西，浙江的西南部，福建的西北部。我国稻田养鱼历史悠久，进入 21 世纪以来，经过现代水稻种植、水产养殖技术的改进和融合，再加上有田间工程等配套技术的支撑，稻田养鱼逐步发展为稻鱼种养。上述地区继续保持了相对领先的发展优势。2020 年，四川省、贵州省、湖南省、云南省、广西壮族自治区等 5 个省（自治区）稻鱼种养面积之和约为 1250 万亩，水产品产量之和约为 70 万吨，分别占全国稻鱼种养总面积和水产品总产量的 84% 和 88%。

（2）贵州省稻鱼种养模式情况

2020 年，贵州省实施稻鱼种养面积 280 万亩，以推进创建国家级稻渔综合种养示范区为工作重点，在播州、湄潭、凤冈等地，结合“红色旅游”文化元素，创办彩稻文化旅游节，打造形成了黔北地区高标准稻渔综合种养示范区；结合“加榜梯田”、占里侗寨农耕文化等的旅游资源优势，在从江、黎平、榕江等地区打造了黔东南月亮山地区大面积稻渔生态种养综合示范区，达到了“南北互动、类型互补、集中成片、效益明显、示范带动”的效果。

3. 稻蟹种养模式

（1）稻蟹种养情况

稻蟹种养在我国东北地区发展较快，尤其是以辽宁省盘锦市为主要代表，形成了“大垄双行、早放精养、种养结合、稻蟹双赢”的“盘山模式”，并辐射带动了我国北方地区稻蟹种养新技术的发展。2018 年，全国稻蟹种养面积排名前五的省（直辖市）依次为辽宁、吉林、江苏、天津、黑龙江，这 5 个省（直辖市）的稻蟹种养面积之和占全国稻蟹种养总面积的 88.08%；稻蟹种养水产品产量排名前五的省（直辖市）依次为辽宁、江苏、吉林、山东、天津，这 5 个省（直辖市）的稻蟹种养水产品产量之和占全国稻蟹种养水产品总产量的 89.88%。

我国河蟹主要包括辽河水系和长江水系两个种群。受种群资源影响，稻蟹种养也主要分布于东北地区（辐射到华北、西北地区）和长江下游地区，包括东北地区的辽宁省、吉林省、黑龙江省，华北地区的天津市，西北地区的宁夏回族自治区。这 5 个省（自治区、直辖市）2020 年的稻蟹种养面积之和约为 137 万亩，占全国稻蟹种养总面积的 72%。

（2）辽宁省稻蟹种养模式情况

辽宁省盘锦市在发展河蟹产业中先后提出“稻田养蟹”“蟹田种稻”“大养蟹”和“养大蟹”的发展思路，积极探索“用地不占地，用水不占水，一地两用，一水两养，一季双收”生产模式，实现了埝埂种豆、田中种稻、水中养蟹的立体生态种养殖的有机结合，形成了稻、蟹、菜多元化的复合生态系统，从而打造出“大垄双行、早放精养、种养结合、稻蟹双赢”的稻田生态种养新技术——辽宁“盘山模式”，形成了“水稻 + 水产 = 粮食安全 + 食品安全 + 生态安全 + 农民增收 + 企业增效”，即“1+1=5”的发展理念，实现了由传统农业向现代农业的转变。

辽宁“盘山模式”是一项新的技术创新成果，有别于传统的稻田养蟹。它既不是稻田里养蟹，也不是蟹池种稻，而是将水稻、蔬菜种植与水产养殖结合起来，组成稻、蟹、菜多元的复合生态系统，引领了我国北方稻田养蟹的大规模发展。

4. 稻鳅种养模式

（1）稻鳅种养模式发展情况

2018 年，全国稻鳅种养面积排名前五的省份依次是四川、辽宁、湖北、吉林、云南，这 5 个省稻鳅种养面积之和占全国稻鳅种养总面积的 85.57%；稻鳅种养水产品产量排名前五的省依次为四川、辽宁、云南、湖北、安徽，这 5 个省的稻鳅种养水产品产量之和占全国稻鳅种养水产品总产量的 89.89%。

（2）湖北省稻鳅种养模式情况

养鳅稻田应选择水量充足、排灌方便、保水、保肥性好，便于管理的稻田。其面积不宜过大，一般以 1 ~ 5 亩为宜。在稻田四周开挖宽 0.5 ~ 1 米、深 0.3 ~ 0.5 米的环形沟，再在稻田中央开挖“十”字形或“井”字形的田间沟。田间沟宽、深一般都为 0.3 ~ 0.4 米，并与环沟相通。鱼凼深 0.4 ~ 0.5 米，每个鱼凼面积 3 ~ 5 平方米，形状可为方形、圆形及其他形状。

稻田精养泥鳅一般沟凼面积约占稻田面积的 5% ~ 10%。加高加固田埂，建立防鸟防逃设施。插秧后放养鳅种，单季稻在第一次除草后放养（约 7 月上、中旬），亩放养量为体长 3 ~ 4 厘米的鳅种 2 万 ~ 2.5 万尾，或体长 5 ~ 8 厘米的鳅种 1.5 万 ~ 2 万尾。稻田泥鳅的饲料主要有两个来源，一是稻田自身或人为培育的天然饵料，二是为补充天然饵料的不足，而人工按时投喂的商品饲料。该模式亩产泥鳅可达到 120 千克以上，水稻 500 千克以上；产值 3000 元 / 亩以上，利润 1000 元 / 亩以上。

5. 稻鳖种养模式

（1）稻鳖种养模式发展情况

2018 年，全国稻鳖种养面积排名前五的省份依次是安徽、湖北、湖南、四川、浙江，这 5 个省稻鳖种养面积之和占全国稻鳖种养总面积的 91.79%；稻鳖种养水产品产量排名前五的省（自治区）依次为安徽、湖北、四川、江西、内蒙古，五省（自治区）稻鳖种养水产品产量之和占全国稻鳖种养水产品总产量的 96.58%。

（2）湖北省稻鳖种养模式情况

选择交通方便、地势平坦、保水性好的稻田，面积 10 ~ 50 亩，要求水源充足、水质良好。田埂加宽、加高、加固；开挖稻田环沟，环沟面积占稻田面积的 8% ~ 10%；沟深 1.0 ~ 1.2 米，在沟内种植水草，水草品种为轮叶黑藻、伊乐藻、水花生等，种植面积控制在环沟面积的 1/3 左右。

清明前每亩投放活鳖 100 ~ 200 千克。鳖种选择规格 500 克 / 只左右的中华鳖，土池鳖种应在 5 月中下旬的晴天投放，温室鳖种应在秧苗栽插后的 6 月中旬投放，放养密度在 100 只 / 亩左右。6 月在环沟内少量放养鲫、鲢、鳙夏花。水稻选择抗病虫害、抗倒伏、耐肥性强、米质优、可深灌、株型适中的中稻品种。栽插时采取宽窄行交替栽插的方法，宽行行距为 40

厘米，窄行行距为 20 厘米，株距均为 18 厘米。鳖的饵料为低价的野杂鱼或屠宰场下脚料投喂量根据天气、水质、水生动物的生长阶段以及摄食情况灵活掌握。该模式下亩产中华鳖可达到 100 千克以上，水稻 500 千克以上；产值 13 000 元 / 亩以上，利润 6000 元 / 亩以上。

6.“流水槽 + 稻渔共作”尾水治理模式

在围绕稻田的环田沟中，集中或分散建设标准化的养鱼流水槽。每个流水槽相对应地配套 10 ~ 15 亩稻田。稻田中进行水稻和鱼、虾、蟹的综合种养，放养的蟹、鱼可消除田间杂草，消灭稻田中的害虫，疏松土壤。

在流水槽中进行集约化养殖鲤、草、鲫等鱼类，养鱼流水槽中的肥水直接进入稻田，促进水稻生长；水稻吸收氮、磷等营养元素净化水体，净化后的水体再次进入流水槽进行循环利用，形成了一个闭合的“稻—蟹—鱼”互利共生的良性生态循环系统，这种模式实现了“一水两用、生态循环”，是一种典型的渔农综合循环利用技术。

到 2020 年，除稻鱼种养、稻虾种养、稻蟹种养三大品种种养主产区外，稻鳖和稻螺种养产区相对集中。其中，稻鳖种养主要分布于长江中下游地区，其消费重心也在该地区；稻螺种养分布于华南、华中和华东地区，但主要集中于广西，其面积和产量均约占全国稻螺种养的 60%。稻鳅和稻蛙产区分布广泛，稻鳅在全国大部分地区均有分布，稻蛙主要分布于华东、华中地区。由于产业规模不大，上述小品种种养产业未形成较高集中度，在各地区呈现点状分布。

第三章

国家主推稻田绿色种养技术

为加快农业先进适用技术推广应用，近年来，国家农业农村部每年组织遴选一批农业主推技术，进行推介发布。

各地各级农业农村部门根据国家农业农村部发布的农业主推技术、地方主导产业的发展要求和农业生产经营者技术需求，遴选本地区年度农业主推技术，组织专家、农技人员开展主推技术的示范推荐及指导培训，推动农业转型升级及高质量发展。

第一节　稻渔综合种养生产技术

稻渔综合种养生产技术是农业农村部2020年、2021年的农业主推技术，是2020—2021年度相关渔业的8项主推技术之一，主要内容如下。

（一）稻鲤综合种养

根据当地环境条件、气候特征和生产计划，选择适宜的水稻品种，改善稻田生态环境的同时，通过稻田养殖鲤鱼，提高综合效益。

1. 田间工程

（1）进、排水系统改造

对于新开挖的养鱼稻田，进水口和排水口一般设在稻田的两对角，以保证水流畅通。进水口和排水口大小根据稻田排水量而定。对于旧的养鱼稻田应进行检查，夯实进排水口，防止漏水。

（2）沟坑整修及田埂加固

对于新开挖的养鱼稻田，在插秧之前开挖好鱼沟、鱼凼（沟坑占比不超过稻田面积的 10%），并加固田埂，可在坡边和田埂种植三叶草等植物护坡稳坡。对于旧的养鱼稻田则需要对鱼凼、鱼坑等进行整修。

（3）防逃防害防病设施建设

在进排水口处安装拦鱼栅，防止鱼逃走和野杂鱼、敌害等进入养鱼稻田。有条件的地区建议在田间安装诱虫灯。

2. 苗种暂养

部分地区可选择水源条件好的田块筑埂蓄水，作为临时性苗种培育区，用于强化培育苗种。培育至初夏，水稻插秧后，再将大规格苗种移至稻田中养殖。

（1）苗种培育区改造

对合适的田块进行必要的改造，主要包括加深鱼沟、鱼凼，加高加固田埂，调整进排水管高度，主要目的是确保蓄水量。

（2）苗种选择及放养

从正规苗种场选购活力好、体表完整、规格整齐的优质苗种。根据鱼种的规格确定放养密度。

（3）饵料投喂

正常情况下，按“四定”（定时、定质、定量、定位）投饵法投喂饵料，日投饵量为鱼体重量的 2%～3%，遵循“三看”（看鱼、看水、看天）原则，并根据实际情况灵活调整；在天气闷热或天气骤变、气温过低时，要减少或暂停投饵。

（4）日常管理

坚持每天早晚巡查，主要观察水色、水位和鱼的活动情况，及时加注新水。

3. 病害防治

（1）疾病预防措施

投放鱼苗前，可用生石灰、二氧化氯等对田块进行消毒。购买的苗种投放前，可使用3%～5%的食盐或按说明使用高锰酸钾溶液等进行浸浴消毒。

（2）科学合理用药

对于病害应坚持预防为主的原则。在苗种发生病害，或水中有害生物大量生长时，科学合理使用药物。治疗使用的药物应执行《渔用药物使用准则》（NY5071—2002）中的规定。

4. 苗种及投入品运输

（1）苗种运输

运输前苗种需要停食12～24小时；运输过程中保持溶氧充足，不使用麻醉剂；运输苗种密度适宜，防止密度过大造成挤压，引起外伤等；运输过程中使用的器械均须消毒；注意观察鱼的活动情况，若有浮头、死亡等，需要及时换水；苗种放入稻田前注意调节水温，将运输水温与田间水温温差调节至2摄氏度以内。

（2）饲料等渔需物资运输

注意防水防曝晒。春季雨水较多，夏季气温炎热，运输和保存过程均要注意防止饲料等渔需物资的劣变。

（二）稻虾综合种养（小龙虾）

稻虾种养区在小龙虾苗种放养之后，主要是做好苗种投放后的养殖生产管理工作。

1. 苗种放养

（1）选择良种

苗种要求体表光洁、体质健壮、规格整齐、附肢齐全、健康无病。应尽量避免选择多年自繁自育、近亲繁殖的苗种，优先选择繁养分离且冬季根据天气水温情况适当投饵保肥的苗种，有条件的需要进行苗种检疫。

（2）适时放种

养殖早虾的宜在 3 月中旬前后投放苗种，养殖常规虾的可在 3 月下旬至 4 月下旬投放苗种。虾苗密度一般控制在 6000 ~ 8000 尾 / 亩。对于苗种自繁自育的稻田，虾苗太多的要及时出售或者分池养殖，虾苗较少的可以适当补充。

（3）水质调控

及时调水。水质一般以黄绿色或油青色为好，水体透明度以 30 ~ 35 厘米为佳。若发现水质老化，可注入少量新水后，用生石灰兑水后全池均匀泼洒或使用有益微生物制剂及小球藻种调节水质。若水色清淡则应适时追肥。施肥要坚持“看水施肥、少量多次”的原则，以确保水质“肥、活、嫩、爽”。及时施肥，初春季节藻类繁殖比较慢，肥水相对困难。肥料可以选择发酵好的农家肥或生物有机肥，建议在晴天中午施用。

（4）饵料投喂

正常情况下，由于初春季节小龙虾体质较弱，可适当使用一些优质配合饲料，也可投喂诱食性好的鱼肉、蚯蚓等动物性饵料或高蛋白的豆浆，可适当提高投喂频率。进行稻虾种养时，由于小龙虾的密度较大，需要投喂饲料以保证其生长。在饲料缺乏时，可以使用粉碎的黄豆、小麦和麸皮等投喂，避免因缺乏营养造成小龙虾之间的相互残杀。养殖后期需通过投喂高蛋白的动物性饵料来提高小龙虾生长速度。在春季气候急剧变化导致应激时，可适度降低投喂量。

2. 病害防治

（1）疾病预防措施

降低密度，适时分塘转移、捕大留小，减少小龙虾存塘量，降低养殖密度。操作过程中应注意避免小龙虾受伤或引起应激反应。水中溶氧过低会产生氨氮、亚硝酸盐和硫化氢等有害物质，应注意加强增氧，避免因水质恶化引起的缺氧问题。要合理投喂优质饲料，提高免疫和抗应激能力。

（2）科学合理用药

注意药物适用对象、用量和配比禁忌。尽量选择刺激性较小的外用药物，减少小龙虾的应激反应。不使用非法药品，尤其是杀青苔类产品更要慎重使用。

（3）重要疫病防控

春季天气不稳定，小龙虾易发生纤毛虫病、白斑综合症和细菌性肠炎。要坚持“防重于治”，做到“早发现、早诊断、早处置”，做好病虾隔离工作，切断传播途径。

3. 苗种及投入品运输

（1）苗种运输

对于短途运输，建议使用可透水的塑料框装虾，并在框内设置密眼无结节网片将虾体与塑料框隔开以减少擦伤，每半小时喷水一次保持虾体湿润；小龙虾堆叠的高度不宜超过 15 厘米。对于超过 2 小时的长途运输，使用可透水的塑料框时，小龙虾堆叠高度应控制在 10 厘米以内，喷水时应添加抗应激物质，有条件的应在小龙虾上下两层覆盖少量水草帮助保湿透气。气温高时建议使用空调车运输，要注意温度的变化，防止小龙虾放养时因体温与水温差距过大产生温度应激反应造成大量损耗。

（2）饲料等渔需物资运输

做好投入品计划和运输安排。运输时，装车完毕后要防止烈日曝晒或天气突变。

（三）稻蟹综合种养

稻蟹综合种养分为稻田养殖扣蟹和稻田养殖成蟹两种模式。在开展稻蟹种养时应提前做好生产准备工作，主要包括田间工程建设、育秧和扣蟹暂养等。

1. 田间工程

（1）田埂加固

加固夯实养蟹稻田的田埂。根据土质情况，田埂顶宽以 50～100 厘米为宜，高以 50～80 厘米为宜，内坡比为 1∶1。

（2）防逃设施建设

每个养殖单元在四周田埂上构筑防逃墙。防逃墙材料采用尼龙薄膜，薄膜高出地面 50～60 厘米，每隔 50～80 厘米用竹竿作桩。对角处设进排水口，进、排水管伸出埂面 30 厘米，将防逃网套住管口。防逃网目（目是筛网的单位，是 25.4 毫米 × 25.4 毫米筛网面积上所具有的网孔个数，全书同）尺寸以养殖蟹苗 / 扣蟹不能通过为宜，同时可以防止杂鱼等进入稻田，与蟹争食。

2. 扣蟹暂养

待稻田插秧后，根据气温、供水条件等及时起捕扣蟹投放到养殖稻田。

（1）扣蟹暂养区改造

选择靠近养蟹稻田、水源条件好的冬闲池塘或预留一块稻田作为暂养区。暂养区沟坑深度要达到 1.5 米，并预先移栽水草。水草首选当地常见种类，并注意疏密搭配，总面积占暂养区 2/3 左右。

（2）扣蟹选择

选择规格整齐、体质健壮、有光泽、无病无伤、附肢齐全，特别是蟹足尖无损伤，体表无寄生虫附着的扣蟹。

（3）饵料投喂

当水温超过 8 摄氏度时候，要适时投喂精饲料，增强扣蟹的体质。根据水温和摄食情况，可按蟹体重的 0.5%～3% 投喂。

（4）水质调控

及时调水，选择盐度 2‰以下、pH 值为 7.8～8.5 的井水、河水或水库蓄水。注意换水时间，确保水温变化幅度不大。使用井水时，一定要注意应充分曝气和提高水温。

（5）日常管理

坚持每天早晚巡查，主要观察扣蟹摄食、活动、蜕壳、水质变化等情况，发现异常及时采取措施。

3. 病害防治

（1）降低密度

北方地区冬季扣蟹须集中越冬，待春季气温回暖，应及时分塘，降低密度。扣蟹暂养至水稻插秧后应及时起捕投放，避免暂养区内密度过高诱发疾病。

（2）增加溶氧

暂养区可根据实际条件增加微孔增氧等设施，提高水体溶解氧含量。

（3）合理投喂

根据暂养区密度，适量投喂，既保证饵料充足，又要防止过多投喂影响水质。

4. 苗种及投入品运输

（1）苗种运输

运输期间要注意选择合适天气及保持适宜温度，尤其是购买的蟹种需长途运输时，更要注意运输中的温度，避免温差过大。

（2）饲料等渔需物资运输

渔用物资应早做准备。运输时注意消毒，必要时选用 84 消毒液对饲料和肥料的外包装、渔业机械、网具和车辆进行消毒，对特殊动保产品外包装选用 75% 的酒精进行抹擦清洁消毒。

（四）稻鳅综合种养

第一步主要是做好田间工程和存塘泥鳅暂养管理。

1. 田间工程

（1）稻田选择

选择水源充足、进排水方便、不受旱涝影响的稻田，水质清澈无污染，田块底层保水性能好；稻田土质肥沃，以黏土和壤土为好，有腐殖质丰富的淤泥层。

（2）稻田改造

一般采用“边沟＋鱼坑”形式，稻田中间可开挖十字沟。在稻田的斜对角设置进、排水口，并在进、排水口安装拦鱼栅。进排水口是泥鳅可能逃跑的主要部位，必须做好防逃措施。沟坑的开挖，主要根据稻田放养泥鳅的规格和数量以及预期产量而定，要做到暂养沟、环沟、田间沟沟沟相通，“三沟”面积以占种养总面积的 5% 左右为宜。稻田养鳅成功与否的关键之一是能否做好防逃工作，除进、排水口外，应在埂基四周埋设防逃网片，可采用 20～25 目的聚乙烯网片，埋入深 15～20 厘米的土中，防止泥鳅钻洞逃逸。

2. 存塘泥鳅暂养

（1）水质调控

春季天气不稳定，导致水温变化较大，水质调控非常关键。随着天气渐暖，温度回升，要注意控制水位，保持田面水位 30～40 厘米，环沟水位 130～140 厘米。及时施肥，有机肥料必须充分发酵和消毒，做到少施、匀施、勤施。晴天上午施肥好，不在阴天、雨天施肥。一般每亩可施充分发酵有机肥 30～50 千克。

（2）密度控制

总的原则是尽量降低存塘泥鳅养殖密度，建议根据市场行情，不断捕捞出售，养殖密度不超过 1 万～2 万尾 / 亩。

（3）饲料投喂

要坚持“四定”原则，每天 2 次，在早上 9 时和下午 5 时左右各一次。饲料投在环沟中设置的食台上，具体投喂量根据天气、温度、水质、泥鳅活动情况进行适时调整。配合饲料每日投饲量以泥鳅总体重的1.5%～3.5%为宜，可上午投喂日饵量的40%，下午投喂日饵量的60%。

（4）日常管理

每天坚持巡查，注意泥鳅的活动、摄食等情况，及时捞取病死泥鳅，防止其腐烂影响稻田水质，传染病害；观察防逃网外有无泥鳅外逃，如发现有泥鳅外逃要及时检查、修复防逃网；根据剩饵情况调整下次投饵量。

3. 病害防治

（1）疾病预防措施

尽量降低存塘泥鳅养殖密度。如果稻田水质条件不好，又没有增氧设备，应将密度控制在0.5万尾/亩以下。配备有增氧设备的稻田，应及时开启增氧机，每天开机时间4小时以上。合理投喂饲料。投饵1小时后，及时观察泥鳅摄食情况。如果饲料剩余，及时调减饲料投喂量，防止剩余饲料影响水质。

（2）科学合理用药

应坚持预防为主原则。一般稻田养殖泥鳅，较少发生病害，但春季仍是病害易发季节。可对稻田水体半月进行一次消毒，或在饲料中拌喂微生态制剂，增强泥鳅抗病能力。

（3）防治鸟类敌害

泥鳅是许多鸟类的天然饵料，稻田水浅，泥鳅易被捕食。若鸟类数量较大，可将稻田浅水区域的泥鳅捕食殆尽，造成严重经济损失，因此要特别注意防范。

4. 投入品及养殖成品运输

（1）做好苗种运输

插秧前后应及时采购泥鳅苗种，提倡带水操作运输，使泥鳅种苗的应激反应降到最低。使用泥鳅专用箱运输，每只箱子存放泥鳅苗种10千克，加水8～10千克。长途运输的苗种经过停食锻炼后再运输，运输过程中必须保持水温稳定，溶氧充足。

（2）做好饲料等渔需物资运输

提前做好饲料运输计划，注意防水、防湿。可选用 84 消毒液对饲料的外包装、渔业机械、网具和车辆进行喷雾消毒。

（五）稻鳖综合种养

稻鳖综合种养包括稻鳖共作和轮作两种模式，以稻鳖共作为主。前期主要是做好田间工程，存塘中华鳖的养殖管理，以及鳖种放养。

1. 田间工程

（1）已开展稻鳖共生田块修整

仔细检查田块周边，修补、加固田埂。检查沟坑底部有无漏水等现象，进、排水设施和防逃设施是否损坏。若有漏水损坏等，及时修补。

（2）新开展稻鳖共生田块修建

开挖环沟或鳖坑。环沟沿田埂内侧 50～60 厘米处开挖，宽 3～5 米，深 1～1.5 米（沟坑占比不超过稻田面积的 10%）。鳖坑位置紧靠进水口的田角处或一侧，呈矩形，深度 1～1.2 米，四周用密网或聚氯乙烯（PVC）塑料设置围拦，围栏向坑内侧稍倾斜。坑埂应加固，并高出稻田平面 10～20 厘米。防逃设施可选用砖墙、铝塑板、彩钢板等材质，将环沟外侧围拦，高出埂面 50～60 厘米，围栏竖直埋入土中 15～20 厘米，四角处围成弧形。

2. 存塘中华鳖养殖管理

（1）水质调控

随着气温回暖，当池水温度升至 20 摄氏度左右时，多数中华鳖开始苏醒，应及时换水消毒。

（2）饵料投喂

对于刚越冬苏醒的中华鳖，重在恢复体质。待池水温度维持在 22 摄氏度以上时，投喂少量营养丰富、易于消化吸收的新鲜动物性饵料为主或蛋白质含量45%以上的中华鳖人工配合饲料。1千克饵料中可加入复合维生素2克或适宜的免疫增强剂，以提高机体抗病能力。投喂量不宜过大，投喂次数也不宜过多，待气温基本稳定和鳖身体机能恢复到正常的状态，再按正常的喂养方式和投喂量进行喂养。

（3）日常管理

应定时巡查，每天两次以上。测量池水温度，观察中华鳖活动情况，保持沟坑水深1.3～1.5米。

3. 苗种放养

（1）苗种选择

可选择国家审定新品种或适合本地区养殖、抗病力强、生长较快、受市场欢迎的中华鳖优良品种。

（2）苗种放养

长江流域双季稻田一般在4月中下旬到5月上中旬开始放养鳖苗，单季稻田一般在5月中旬开始放养。如果放养时水稻还未插秧或返青，可先放入沟坑，之后再移至大田。在中华鳖投放前10～15天，按沟坑面积用100千克/亩生石灰兑水，趁石灰水尚热时泼入沟坑消毒，也可用1%聚维酮碘溶液或0.3毫克/立方米强氯精。中华鳖放入前先用15～20毫克/升的高锰酸钾溶液浸浴15分钟。

（3）饵料投喂

天然饵料一般不能满足鳖的生长需要，可投喂人工配合饲料。水温低于22摄氏度时不应投喂饲料，水温在28～35摄氏度时，要加大投喂量。日投喂饲料量宜为鳖体重的2%～3%，小规格鳖种适当加大投喂量。日投喂两次，上午、下午各一次。

（4）日常管理

参照存塘中华鳖的日常管理，并注意防逃，尤其是刚放养或遇到天气闷热或下雨时，应更加注意。

4. 病害防治

春季天气不稳定，应密切关注天气和水质变化。此外，刚苏醒的中华鳖极易被病原菌侵染，爆发腐皮病、水霉病、氨中毒症、暴发性出血症等。日常管理中必须坚持“防重于治”的原则，做到“早发现、早诊断、早处置”，做好病鳖隔离，切断传播途径，从根本上解决病害的流行，避免经济损失。

（六）稻螺综合种养

稻螺综合种养主要分布于广西等地区，种螺、幼螺一般于水稻秧苗分蘖后入田，需要做好田间工程等前期准备。

1. 田间工程

（1）田埂加固

夯实加固田埂，应高 50 厘米、宽 30~50 厘米，可蓄水 30~50 厘米深。

（2）防逃设施建设

进、排水均用直径 110 毫米并带弯头的聚氯乙烯塑料管，进水口安装 50 目（直径 0.3 毫米）、长 100 厘米、直径 30 厘米尼龙筛绢网兜，排水口安装 20 目（直径 0.85 毫米）镀锌钢丝网栅栏，以防田螺逃走。

2. 种螺、幼螺放养

（1）选择良种

选择稻田、池塘、湖泊等天然水域生长的或田螺良种场培育出来的具有明显生长优势的健康个体。种螺幼螺要壳厚体圆、壳面完整无破损。

（2）适时放种

水稻秧苗分蘖结束后，注水入田至水深 10 厘米左右，再放入种螺、幼螺。主养田螺的稻田，每亩放养个体体重为 1.25 ~ 2.50 克的幼螺 30 000 ~ 60 000 只，或投放个体体重不低于 15 克的种螺 150 千克（数量 6000 ~ 10 000

只）；套养田螺的稻田，每亩放养个体体重1.25～2.50克的幼螺10 000～20 000只，或投放个体体重不低于15克的种螺50千克（数量2000只～3500只）。放养的田螺，雌雄配比4∶1左右，同批一次性放足。如有上年留存种螺的，按留存数量适当补充种螺。

（3）水质调控

水温上升到15摄氏度后，田螺摄食量逐渐增大，需要适当换水以维持溶解氧含量（要求不低于3.5毫克/升），日换水量为稻田水深的1/4～1/2。及时施肥，每亩可施秸秆发酵饲料或秸秆堆沤肥25～50千克，一个月1次。

（4）饵料投喂

正常情况下，配合颗粒饲料、发酵饲料、切碎的新鲜菜叶、玉米、米糠、豆粕、菜饼、蚯蚓、鱼虾等，以及新发酵秸秆、农家肥、有机肥及稻田中的浮游生物、杂草、稻花等均可作为田螺饵料。可设多个投饲点投饲，投饲量宜根据田螺总重的1%～3%计算，2～3天投喂1次，并根据田螺的生长和摄食情况调整投喂量。如果水温低于15摄氏度或高于30摄氏度，以及阴雨天气，不需要投喂。

（5）日常管理

坚持每天巡查，观察水位、水质、田螺摄食与生长等情况，检查防逃栅及筛绢网兜是否破损、堵塞，发现问题及时处理。台风、暴雨、大雨前，应疏通排水渠道，堵上进水口、打开排水口，并检查疏通防逃栅、筛绢网兜。

3. 敌害防控

（1）防鼠、蛇害及水禽

养殖场四周设置防护网（一般使用镀锌钢丝网、尼龙网），网目2.0厘米，网片高90厘米（地下埋深10厘米，地上高80厘米），每间隔1.5米使用桩基固定。

（2）防福寿螺

每天沿田埂巡查，用小抄网将福寿螺从田中捞出并集中处理。

（3）防野杂鱼

每亩稻田可放养体长 5～10 厘米翘嘴红鲌 10～15 尾控制野杂鱼。

（4）防缺钙症

每 15～20 天可施用生石灰 1 次，每亩稻田泼洒 15 千克；每 15～20 天在发酵饲料中拌喂有机钙 1 次。

（5）防青苔

每亩稻田可放养 10～15 厘米长的鲮鱼 15～20 尾，或每亩稻田放 0.5～1 千克腐殖酸钠。

4. 种螺、幼螺运输

长途运输种螺和幼螺放养时，包装容器应紧固、洁净、无毒、无污染，并具有较好的通风和排水条件，螺体堆积高度以不超过 30 厘米为宜。运输过程中应保湿、防晒、防挤压，用水质量应符合《渔业水质标准》（GB11607—1989）的规定。

（七）稻虾综合种养（青虾）

稻青虾综合种养主要包括“单季共作”和“一季稻两茬虾”模式。对于后者，第一茬虾多数在 2 月左右即放养。前期主要是做好田间工程和苗种放养。

1. 田间工程

（1）已开展稻青虾综合种养的田块修整

仔细检查田块周边，修补、加固田埂；检查沟坑底部看有无漏水，进排水设施、防逃设施、增氧设施等是否损坏，并及时修补。

（2）新开展稻青虾综合种养的田块修建

沿稻田田埂内侧 50～60 厘米处，开挖环沟，环沟宽 2～2.5 米，深 1～1.5 米（沟坑占比不超过稻田面积的 10%）。在主干道进入田块的一边留出宽 3～5 米的农机作业通道。需配微孔增氧设备。加固加高四周田埂，使之不渗水、不漏水。

2. 苗种放养

（1）苗种选择

可选择国家审定新品种或适合本地区养殖的优良品种。种虾要求个体强壮、行动敏捷、肢体完整、无病害。

（2）苗种放养

一季稻两茬虾模式，第一茬虾在2月左右放养，每亩密度以1000尾/千克的虾种10千克为宜；第二茬虾可在8月放养，密度为体长2厘米左右的虾苗3万~5万尾。单季共作模式的放养时间为6月下旬至7月初。放养宜在晴天的早晨进行，虾苗应在四周环沟内均匀投放，同一虾塘虾苗要均匀，一次性放足；虾苗入塘时要均匀分布，开启增氧机，并将虾苗缓慢放在增氧机下方水面，使其自然游散。

（3）水质调控

使用正规企业生产的生物有机肥或腐植酸钠肥水，保持水体透明度在30~40厘米；水质过清容易滋生青苔，导致青虾头部乃至全身生长青苔，从而影响销售；每亩1米水深使用250~400克硫酸铜预防。若水体内有大量枝角类、桡足类等浮游动物，则需要先杀虫，再肥水。3月至4月，可在虾沟内种植轮叶黑藻、苦草等水草，种植面积应占虾沟总面积的20%~30%。

（4）饵料投喂

水温上升到8摄氏度以上后，适当投喂饲料，投喂量为青虾总重的3%；根据吃食情况，每个星期投喂2~3次。

（5）日常管理

坚持每天早晚巡塘。主要观察水质变化，及时调节水质；检查青虾摄食状况，适时调整投饲量，及时发现病害并对症治疗。

3. 病害防控

春季天气不稳定，应密切关注天气和水质变化。阴雨天早晚水体溶解氧较低，青虾容易染病，需特别注意。坚持“以防为主、防治结合”的原则，可用二氧化氯、碘制剂、过硫酸氢钾、高铁酸钾等消毒剂或氧化剂对水体进行消毒，防止细菌滋生，预防青虾生病。

第二节　稻田绿色种养技术

（一）概述

1. 基本情况

稻田绿色种养技术是农业农村部 2019 年的农业主推技术。稻田绿色种养是一种将水稻种植和水产养殖相结合的复合农业生产方式，具有产出高效、资源节约、环境友好的特点。目前已形成稻鱼、稻蟹、稻虾、稻鳖、稻鳅五大类模式。

2. 示范推广情况

稻田绿色种养具有稳粮、促渔、提质、增效、生态、环保等作用，是实现经济、生态、社会效益协调发展的重要农业生产方式。目前已在黑龙江、吉林、辽宁、浙江、安徽、江西、福建、湖北、湖南、重庆、四川、贵州、宁夏等 13 个省（自治区、直辖市）建立总面积超过 100 万亩的核心示范区。

3. 提质增效情况

在稻田绿色种养生态系统中，物质就地良性循环，能量朝着稻、鱼（虾、蟹、鳖、鳅）双方都有利的方向流动，稻田中的杂草和害虫为鱼类提供了食物，而水稻的生长则净化了水质，从而形成了稻鱼互利共生生态系统，实现了“以渔促稻、提质增效、生态环保、保渔增收”的发展目标。

水稻亩产量稳定在500千克以上，平均增产5%～15%；泥鳅亩产50千克以上，蟹亩产25千克以上，小龙虾亩产100千克以上，鳖亩产300千克以上，各种鱼类平均亩产50千克以上。而且化肥、农药使用量平均减少50%以上。整体来看，该模式的综合效益增加50%以上。

4. 获奖情况

稻田绿色种养技术获1994年中国水产科学研究院科技进步奖二等奖。

（二）技术要点

1. 稻田工程实施

（1）加固、加高田埂

放鱼前应修补、加固、夯实田埂，确保田埂不渗水、不漏水。丘陵地区的田埂应高出稻田平面40～50厘米，平原地区的田埂应高出稻田平面50～60厘米，冬闲水田和湖区低洼稻田应高出稻田平面80厘米以上。田埂截面呈梯形，埂底宽80～100厘米，顶部宽40～60厘米。

（2）开挖鱼坑、鱼沟

鱼坑：养鱼稻田的鱼溜的数量视稻田的面积大小确定，位置紧靠进水口的田角处或中间，形状呈长方形、圆形等。沟的四壁用条石、砖石或其他硬质材料和水泥作为护坡，位置相对固定。鱼沟埂高出稻田平面20～30厘米，并要沟沟相通、沟坑相通（图3-1）。培育鱼种的鱼

图3-1 稻田养鱼的鱼坑、鱼沟

坑面积占稻田面积的5%～8%，深度为80～100厘米；饲养食用鱼的鱼坑面积占稻田面积不超过10%，深度为100～150厘米。

鱼沟：主沟位于稻田中央，宽30～60厘米，深30～40厘米；稻田面积4.5亩以下的呈“十”字形或“井”字形，面积4.5亩以上呈“井”字形或“目”“囲”字形（图3–2）。围沟开在稻田四周，距离田埂50～100厘米，宽100～200厘米，深70～80厘米。在插秧3～4天后，根据稻田类型、土壤、作物茬口、水稻品种和鱼种放养规模的不同要求开好垄沟，一般垄宽50～100厘米，垄沟宽70～80厘米，垄沟深25～30厘米。开挖围沟的表层泥土用来加高垄面，底层泥土用来加高田埂（图3–3）。

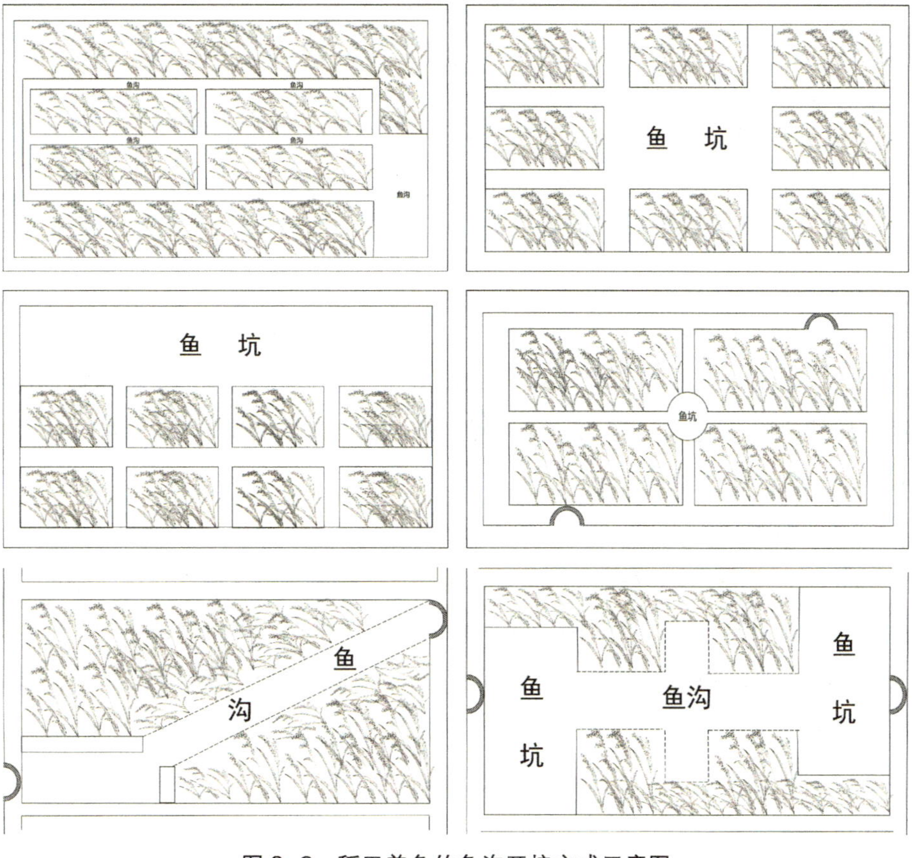

图3–2 稻田养鱼的鱼沟开挖方式示意图

图 3-3　稻田养鱼的田埂

（3）进、排水口

进、排水口设在稻田相对两角田埂上，用砖、石砌成或埋设涵管，宽度视田块大小而定，一般为 40～60 厘米，排水口一端田埂上开设 1～3 个溢洪口，以利控制水位。

（4）防逃设施

① 稻鱼共作防逃设施

拦鱼栅用塑料网、金属网、网片编织。其网目大小因鱼规格而异，身长为 1.5～2.5 厘米的鱼，网目为 0.2 厘米；3.3～16.5 厘米的鱼，网目为 0.4 厘米。其宽度为排水口宽度的 1.6 倍，并高于田埂。拦鱼栅呈"︵"或"︿"形安装，在进水口处，其凸面朝外；在排水口处，其凸面向内，入泥深度 20～35 厘米，并把栅桩夯打牢固。

② 稻鳖共作防逃设施

鳖有用四肢掘穴和攀登的特性，因此防逃设施的建设是稻田养鳖的重要环节。应在选好的稻田周围用砖块、水泥板、木板等材料建造高出地面50厘米的围墙，顶部压沿，围墙和压沿内壁应涂抹光滑。并搞好进排水口的防逃设施。

③ 稻虾共作防逃设施

田埂四周用塑料网布建防逃墙，下部埋入土中10～20厘米，上部高出田埂0.5～0.6米，每隔1.5米用木桩或竹竿支撑固定，网布上部内侧缝上宽度为30厘米左右的钙塑板形成倒挂。在进排水口处安装铁丝网或双层密网（20目左右）（图3-4）。

图3-4 稻虾共作的防逃设施（张堂林 / 摄）

④ 稻蟹共作防逃设施

河蟹放苗前，每个养殖单元在四周田埂上构筑防逃墙。防逃墙材料采用尼龙薄膜，将薄膜埋入土中10～15厘米，剩余部分高出地面60厘米，其上端用草绳或尼龙绳作内衬，将薄膜裹缚其上，然后每隔40～50厘米用竹竿作桩，将尼龙绳、防逃布拉紧，固定在竹竿上端，接头部位避开拐角处，拐角处做成弧形。进排水口设在对角处，进、排水管伸出坝面30厘米，设置60～80目防逃网。

⑤ 稻鳅共作防逃设施

加固增高田坎，设置防逃板或防逃网，防逃板深入田泥20厘米以上，露出水面40厘米左右。或者用纱窗布沿稻田四周围拦，纱窗布下端埋入硬土中，纱窗布上端高出水面15～20厘米。在进、排水口安装60目以上的尼龙纱网两层，纱网夯入土中10厘米以上。

2. 养殖生物放养

（1）放养品种

以草鱼、鲤鱼、罗非鱼、鲫鱼、革胡子鲇、泥鳅、鳖、虾、蟹等草食性及杂食性鱼类为主，鲢、鳙等滤食性鱼类为辅。

（2）鱼类放养

鱼苗、鱼种的放养密度见表3-1。

表3-1　鱼苗、鱼种的放养密度

<table>
<tr><th rowspan="2">饲养类型</th><th rowspan="2" colspan="2">稻田类型</th><th colspan="4">鱼苗鱼种放养数量</th></tr>
<tr><th>鱼苗数量 / 尾</th><th>放养规格</th><th>鱼种数量 / 尾</th><th>放养规格 / 厘米</th></tr>
<tr><td rowspan="2">培育鱼种</td><td colspan="2">育秧田</td><td>$(22.5 \sim 30) \times 10^4$</td><td>鱼苗</td><td>/</td><td>/</td></tr>
<tr><td colspan="2">双季稻田</td><td>$(3 \sim 4.5) \times 10^4$</td><td>鱼苗</td><td>/</td><td>/</td></tr>
<tr><td rowspan="2">培育大规格鱼种</td><td colspan="2">中稻或一季晚稻田</td><td>/</td><td>/</td><td>$(1.5 \sim 1.95) \times 10^4$</td><td>3.3～5</td></tr>
<tr><td colspan="2">起垄、开沟稻田</td><td>/</td><td>/</td><td>$(2.25 \sim 3.0) \times 10^4$</td><td>3.3～5</td></tr>
<tr><td rowspan="3">饲养食用鱼</td><td rowspan="2">一季稻冬闲田或湖区低洼田</td><td>北方</td><td>/</td><td>/</td><td>$(0.075 \sim 0.15) \times 10^4$</td><td>3.3～5</td></tr>
<tr><td>南方</td><td>/</td><td>/</td><td>$(0.45 \sim 0.75) \times 10^4$</td><td>3.3～5</td></tr>
<tr><td colspan="2">起垄、开沟稻田</td><td>/</td><td>/</td><td>$(0.75 \sim 1.2) \times 10^4$</td><td>3.3～5</td></tr>
<tr><td colspan="7">注：食用鱼中放养比例为草鱼50%～60%，鲤、鲫20%～30%；鲢、鳙10%～20%；或鲤、鲫60%～80%，草鱼、罗非鱼、鲢、鳙20%～40%。</td></tr>
</table>

（3）鳖类放养

一般水稻亲鳖种养模式，一般在5月初先种稻，5月中下旬放养亲鳖；亩放养数在200只左右，放养规格为0.4～0.5千克/只。水稻商品鳖种养模式，一般在5月底至6月上旬种植水稻，7月中上旬放养鳖；亩放养数在600只左右，放养规格为0.2～0.4千克/只。水稻稚鳖培育种养模式，一般在6月下旬种植水稻，7月下旬放养当年培育的稚鳖，亩放养数1万只。

鳖放养前要用15～20毫克/升的高锰酸钾溶液浸浴15～20分钟，或用1.5%食盐水浸浴10分钟。

（4）虾类放养

一般在每年8月至10月或次年的3月底。第一种方式是在水稻收获后放养大规格虾种或抱卵亲虾，初次养殖的每亩投放20～30千克，已养稻田每亩投放5～10千克，雌雄比（2～3）∶1，主要是为第二年生产服务。第二种方式是放养虾苗，虾苗体长3厘米左右（250～600只/千克），每亩1.5万尾左右，总重30～50千克。

虾种放养前用3%～5%食盐水浸浴10分钟，以杀灭寄生虫和致病菌。

（5）蟹类放养

根据杂草在平耙地后7天萌发，12～15天生长旺盛的规律，可在此期间投放蟹种，从而充分利用杂草这种天然饵料。稻田养殖成蟹放养密度以400～600只/亩为宜。

蟹在放养前用浓度为20～40毫克/升的高锰酸钾或3%～5%的食盐水浸浴5～10分钟。

（6）鳅类放养

放养时间方面，一般在插秧后放养鳅种，单季稻放养时间宜在第1次除草后；双季稻放养时间宜在晚稻插秧后。放养密度方面，根据规格而定，体长3～4厘米的鳅苗，放养密度为15～20尾/平方米；体长5～6厘米的鳅苗，放养密度为10～15尾/平方米；体长6～8厘米的鳅苗，放养密度为10尾/平方米。

鳅苗在下池前要进行严格的消毒，杀灭鳅苗体表的病原生物，并使泥鳅苗处于应激状态，分泌大量黏液，下池后能防止池中病原生物的侵袭。鳅体消毒的方法是：先将鳅苗集中在一个大容器中，用3%～5%的食盐水或者8～10毫克/升的漂白粉溶液浸洗鳅苗10～15分钟，捞起后再用清水浸泡10分钟左右，然后再放入养鳅池中，具体的消毒时间视鳅苗的反应情况灵活掌握。

3. 饲养管理

（1）水的管理

在水稻生长期间，稻田水深应保持5～10厘米；收割稻穗后，田水保持水质清澈，水深在50厘米以上，定期疏通鱼沟，保证水流通。有条件的情况下可在鱼沟中安装增氧设备。

（2）防逃

经常检查防逃设施、田埂有无漏洞，加强雨期的巡察，及时排洪、捞渣。

（3）投饵

① 稻鱼共作

投喂定点，选在相对固定的鱼溜和鱼沟内，每天上、下午各投喂一次。配合饲料应符合相关标准；青饲料应清洁、无毒、无害。配合饲料按鱼的总体重的2%～4%投喂；青饲料按草食性鱼类总体重的15%～40%投喂。对可不投喂的稻田养鱼，鱼类则直接利用稻田中的天然饵料。

② 稻鳖共作

1～2龄鳖个体较小，饵料以水生昆虫、蝌蚪、小鱼、小虾、水蚯蚓、鱼肉加工下脚料等制成的新鲜配合饲料为主。3龄以上的鳖咬食能力较强，可以用螺蛳、河蚬、河蚌等带壳的鲜活贝类为主食，适当投喂大豆、玉米等植物性饲料，也可投喂人工配合饲料。投喂饲料要做到定时、定位、定量。每天投喂量为其体重的8%～12%，分上午、下午两次投喂。

③ 稻虾共作

稻田养虾一般不要求投喂，在小龙虾的生长旺季可适当投喂一些动物性饲料，如锤碎的螺、蚌及屠宰场的下脚料等。8月至9月以投喂植物性饲料为主，10月至12月多投喂一些动物性饲料。日投喂量按虾体重的6%～8%安排。冬季每3～5天投喂1次，每次的投喂量为在田中虾总体重的2%～3%。从翌年4月开始，逐步增加投喂量。

④ 稻蟹共作

饵料投喂要做到适时、适量，日投饵量占河蟹总重量的5%～10%，主要采用观察投喂的方法，注意观察天气、水温、水质状况，饵料品种灵活掌握。河蟹养殖前期，饵料品种一般以粗蛋白含量在30%的全价配合饲料为主。河蟹养殖中期的饵料应以植物性饵料为主，如黄豆、豆粕、水草等，搭配全价颗粒饲料，适当补充动物性饵料，做到荤素搭配、青精结合。后期，饵料主要以粗蛋白含量在30%以上的配合饲料或杂鱼等为主，可以搭配一些高粱、玉米等谷物。

⑤ 稻鳅共作

一般以稻田施肥后的天然饵料为食，再适当投喂一些米糠、蚕蛹、畜禽内脏等。一天投2次，早、晚各一次。鳅苗在下田后5～7天不投喂饲料，之后每隔3～4天投喂米糠、麦麸、各种饼粕粉料的混合物、配合饲料。日投喂量为田中泥鳅总重量的3%～5%；具体投喂量应结合水温的高低和泥鳅的吃食情况灵活掌握。到11月中下旬水温降低，便可减投或停止投喂。在饲养期间，还应定期将小杂鱼等动物性饲料磨成浆投喂。

（4）施肥

肥料种类：有机肥，如绿肥、厩肥；无机肥，如尿素、钙磷镁肥等。有机肥应经发酵腐热，无机肥应符合相关标准。

基肥：一般1亩施厩肥150～250千克、钙镁磷肥750千克、硝酸钾120～150千克。

追肥：施追肥量每亩、每次为尿素7.5～10千克。施化肥分两次进行，每次施半块田，间隔10～15天施肥一次。化肥不得直接撒在鱼溜、鱼沟内。

（5）鱼病防治

采用“预防为主，防治结合”的原则，鱼种入稻田前须严格消毒。草鱼采用免疫方法防治疾病，在鱼病多发季节，每15天可投喂一次药饵。发现鱼病及时对症治疗。

4. 捕捞

（1）捕捞时间

稻谷将熟或晒田割稻前，当鱼长到商品规格时，就可以放水捕鱼；冬闲水田和低洼田养的食用鱼或大规格鱼种，可养至第二年插秧前再捕。

（2）捕捞方式

捕鱼前应疏通鱼沟、鱼溜，缓慢放水，使鱼集中在鱼沟、鱼溜内；在出水口设置网具，将鱼顺沟赶至出水口一端，让鱼落网捕起，迅速转入清水网箱中暂养。

（三）适宜区域

全国水稻种植区均适宜推广稻田绿色种养模式。可根据各地区的水产养殖和消费特点选择适宜的水产养殖品种。

（四）注意事项

① 稻种宜选用抗病、防虫品种，减少农药使用。

② 水稻病害防治贯彻“预防为主，综合防治”的植保方针，选用抗性品种，实施健身栽培、选择合理茬口、轮作倒茬、灾情期提升水位等措施做好防病工作。防治水稻病虫害，应选用高效、低毒、低残留农药（主要有扑虱灵、稻瘟灵、叶枯灵、多菌灵、井岗霉素等）。水稻施药前，先疏通鱼沟、鱼溜，加深田水至 10 厘米以上，粉剂趁早晨稻禾沾有露水时用喷料器喷，水剂宜在晴天露水干后使用喷雾器喷洒，应把药喷洒在稻禾上。施药时间应在阴天或下午 5 时后。

③ 鱼病防治采用“预防为主，防治结合”的原则。

④ 防敌害生物。及时清除水蛇、水老鼠等敌害生物，驱赶鸟类。如果有条件，可设置诱虫灯和防天敌网。

⑤ 在鱼类生长季节要加强投喂，否则会严重影响鱼类的产量和规格。

⑥ 养殖期间尽量多换水，保证水质清澈。

⑦ 发展稻田绿色种养适宜规模化发展，集中连片，方能充分发挥综合效益。

⑧ 做好进排水设施构建，提高防洪抗旱能力。

⑨ 对于泥鳅、小龙虾等品种，要增高加固田坎，防逃网要深挖，防止其逃逸。

⑩ 注重鱼米品牌打造和价值开发，提高产品质量和效益。

第四章

贵州稻渔综合种养历史与文化

稻田养鱼是中华民族集体智慧的结晶，在形成过程中，我国的少数民族劳动人民发挥了重要作用。他们在生产实践中发现了“稻鱼共生”的现象，并逐渐萌发了“稻田养鱼”的思想。在传统农耕思想的影响下，迁徙到我国西南方的少数民族开发了今川、黔、桂地区的梯田，来延续稻作农耕。虽然远离大江大河，但源于“饭稻羹鱼”的生活传统，他们逐渐创造了真正意义上的“稻田养鱼”。

在贵州省，稻田养鱼主要集中在黔东南、黔南、铜仁等苗族、侗族、水族、布依族聚居的区域，他们至今仍保留着稻田养鱼的传统。

在鱼文化方面，稻田养鱼、稻鱼文化的相关习俗，已进入百姓的节日及日常生活中。在贵州省的少数民族区域，有些儿童戴鱼尾帽，襁褓用品多缀鱼鳞。妇女们佩戴的银梳、木梳，也多制成鲤鱼状。甚至橱柜的木门和桌子的抽屉，都安有各式各样的鱼形门环或拉手，意味着平安幸福。逢年过节，鱼是必备的菜肴。逢结婚、立新房、办丧事等重要日子，需要用鲤鱼祭祖。在粮食丰收的日子和吃新节等重大节日，更要用鲤鱼祭天，以祈求来年风调雨顺。

第一节　贵州稻渔综合种养历史

从民族发展史来看，稻田养鱼是多民族的共同创造。在贵州省稻渔综合种养的历史中，长期以来，人们能追溯到有关于稻田养鱼的最早文字记载，是清朝道光年间的《黎平府志》。虽然人们综合多种因素推测出贵州稻田养鱼的历史不止几百年，应该有上千年的历史，但因贵州的苗族、侗族等少数民族在历史上没有统一规范的民族文字，相关信息是通过语言、歌谣代代相传的，缺乏可靠的文字依据。直到 1975 年，在兴义万屯镇发现汉代古墓。该墓葬年代为东汉中晚期，出土文物中有水塘稻田模型，才将贵州稻田养鱼的历史往前推移至东汉时期。

（一）贵州省稻田养鱼的历史可追溯到东汉中晚期

贵州省博物馆于 1975 年在兴义万屯镇发掘了 7 座汉墓，出土文物有铜车马、抚琴俑、水塘稻田模型等大量国家级珍贵文物。

万屯汉墓群位于兴义市区东北方向，距离市区 35 千米，墓群范围包含了万屯镇新桥村、下坝村、万屯村及其周边顶效镇和兴村、郑屯镇前锋村、鲁屯镇章磨村和桔山街道办峡谷村等，总分布面积约 9.84 万亩，是贵州境内分布面积广、数量多，科研价值重大的一处汉墓遗存。

迄今为止，共发掘了九座墓葬。从已发掘墓葬看，该墓群墓葬种类多，有土坑、砖室、石室和砖石混合等形制，而且墓葬规模大，结构复杂，出土了数百件珍贵文物。墓葬年代为东汉中晚期。

（二）万屯汉墓群的发现

1975 年，兴义万屯镇新桥村村民们在耕地的过程中意外地挖到一块石板。一开始，他们并未在意，当他们合力将石板搬开后，才意识到好像有些不对劲：石板下面竟是一个黑窟窿。透过这个黑窟窿的洞口，发现里面似乎有几件陶瓷器具。这些乡民推测他们可能挖到了一座古墓，便及时将情况告知村党支部。紧接着，村党支部书记打电话联系到当地的文物研究所。

很快文物研究所的专家们骑车赶到现场。经过十多天的专业考察后，他们发现了一个令人震惊的事实——地下不止有一座古墓，而是有一片古墓群。

迄今为止，万屯汉墓群共发掘九座古墓，墓内出土了许多珍贵文物。

（三）水塘稻田模型

水塘稻田模型，是一件椭圆形的泥质灰陶陶器，平地、宽边、折唇，径长 45 ~ 46.2 厘米，高 8.4 厘米。从外形上看，盆内的水塘稻田模型，椭圆形的盘中却被一分为二，一边是水塘，一边是稻田。水塘中，有几个简单的泥塑，让这件物品显得更加古朴和自然。稻田中，土地被整齐地划分，田中有着茁壮成长的水稻，水塘和稻田被一道堰堤隔开，水塘与稻田中间有一个小孔，这就是两边通水的涵洞。

被分割的稻田各自与水塘相连，水通过涵洞流出。这是一种理想的灌溉模式，不仅节省劳动力，更能充分地利用水资源。

如今，“水塘稻田模型”被收藏在贵州省博物馆。（图 4–1）

图 4-1 贵州兴义出土的东汉时期水塘稻田模型

（四）《黎平府志》文字记载

贵州兴义出土的东汉时期水塘稻田模型表明，东汉时期的古夜郎国就有了稻田养鱼的生产方式。

明、清时期，稻田养鱼的记载更加清晰。道光《黎平府志》中详细记载了鲤鱼的孵化过程和养殖方法："清明节后，鲤生卵，附水草上，取出，别盆浅水中，置于树下，漏阳暴之，三五日即出子，谓之鱼花。田肥池肥者，一年内可重至四五两。"可见当时人们对稻田养鱼已有较深的认识。

在民国时期，稻田养鱼逐渐推广到黔东南、黔南等苗族、侗族、水族的聚居地区。但此阶段的稻田养鱼均为稻鱼间作，粗放粗养，以养殖高坡鲤、河鲤为主，单产不高，规模很小，主要是自养自食。

第二节　贵州传统稻田养鱼知识

（一）传统稻田养鱼操作

贵州少数民族传统的稻田养鱼方式是稻鱼共作。在每年农历四月至五月，栽秧后便放鱼种进入稻田。放鱼种的数量不一，可据稻田的类型、土质、肥力而定；黑粘泥的田多放鱼种，黄泥田次之，白泥田少放；在寨脚的稻田多放鱼种，高坡两侧的田次之，河边田少放。

放鱼后一般不投饵，从放鱼到收获只管看水，也有用竹蔑编成栅栏，安插在稻田水进出口处，防止鱼逃离，并扎草人用以驱赶鸟兽敌害。这均为原始的粗放粗养方法。

农历七月至八月，放水晒田后捕鱼。鱼除了自己食用或销售以外，还挑选个大体肥的鱼作为种鱼。当年繁殖的鱼苗留作“老口”鱼种，秋后在泡冬田中挖数坑作为鱼窝。鱼存其中，加盖杉枝、树叶之类，既用以帮助鱼越冬，又可预防敌害，越冬的鱼可供来年再养。春养秋收，周而复始，延续至今。

（二）20 世纪 80 年代沟溜养鱼法

20 世纪 80 年代初，各地水产部门推广标准化稻田养鱼，即沟溜养鱼法。先要加高田埂，后视其田块形状、大小开挖一定数量的通道为鱼沟，各沟交叉处加大面积成溜，设双拦鱼设备，方可放鱼苗。放鱼苗量较传统的方式加大一倍，规格在 1 寸（1 寸约为 3.33 厘米，全书同）以上。放鱼苗前用生石灰对稻田进行消毒，鱼种用药液浸洗处理。除施足农家肥作为底肥外，在水稻生长期另追施猪牛粪，量少次多。需要进行人工投饵，用油枯混合人畜粪发酵后投放。此法比传统的养殖方法效益提高一倍。稻谷黄熟之前开田收鱼，鱼归流入沟，方便捕捉。

（三）传统稻田养鱼的效益分析

1. 生态效益

稻田养鱼有效地利用生态学原理，实现农业生产的多重效益。

（1）除草保肥作用

杂草会直接影响到水稻的生长，杂草抢夺了水稻的肥料，还给水稻的虫害充当了中间宿主。据估测，稻田里的杂草会使稻谷产量减少 10%，杂草在每亩稻田中吸取 0.62 千克的氮素，相当于 1.3 千克的尿素，或 3.1 千克的硫酸铵，占稻田植物吸收总氮量的 8.34%。在稻田当中养殖草食性鱼类，不仅可以除草，还能保住肥料。被截留下来的肥料供水稻吸收生长，同时也避免了杂草和水稻争夺空间和日照资源。草鱼每增重 0.5 千克，需要吃掉杂草 40 千克，比使用除草剂具有更高的安全性与持续性。

（2）除草造肥作用

鱼类因为不断吃掉杂草，体重逐渐增加，所以吃食量和排粪量也相应增加。据测定，每尾长 6.5 ~ 13.0 厘米的草鱼种，日食量相当于自身重量的 52%。若以每亩养草鱼苗 500 尾计算，其粪便中氮的含量相当于 2.5 千克硫酸铵，含磷量相当于 5 千克过磷酸钙。每亩稻田中可以产出 2500 ~ 5000 千克鱼沟肥泥，可为下一轮作物提供基肥，相当于 10 ~ 20 千克标准化肥的肥效。

一般亩产 25 千克鱼，可排 40 千克鱼粪入稻田里，相当于增施了硫酸铵 6.25 千克，过磷酸钙 2.25 千克的肥效。

（3）松土作用

鱼在水田中游动，游动过程中不但翻动了稻田的表土，还疏松了土壤，搅动水体，增加了水中的溶氧量。氧气深入土层，加快了土壤中有机物的分解速度，打破了水稻根部的板结层，更加有利于水稻根部的生长发育，促进植株健壮生长。例如，鲤鱼有掘食习性，可使土壤疏松，从客观上起到增氧促根和持续中耕的作用。

（4）除虫作用

养鱼之后，水稻害虫也变成了鱼类的饵料，能够起到生物防治的作用。鱼类吞食落入稻田水面上的稻飞虱、叶蝉、稻螟蛉、卷叶螟、食根金花虫、纹枯病菌核等，有的时候还可以直接吃掉落到稻茎上面的害虫，鲤、鲫的食虫效果更为明显。养鱼的稻田中，使用药物防治水稻病虫害的次数可以明显减少。

很多危害水稻的害虫，如二化螟等，幼体都生活在稻田的水中，成为鱼类喜食的饵料。

（5）改良水稻通气、光照条件

鱼类不但可以吃掉稻田中的杂草和水稻脚叶，改良稻田的通气和光照的情况，同时鱼类呼吸所排出的二氧化碳也有利于水稻的光合作用，提高了水中的溶氧量。

2. 经济效益

良好的经济效益是农户稻田养鱼的杠杆。随着稻田养鱼模式的推广，稻田收入的增加极大地调动了农民的积极性。稻田养鱼的经济效益主要体现在以下几个方面：

（1）促进水稻增产

稻田养鱼改善了稻田的生态环境，减少病虫害和草害，提高了地力，促使水稻早生快发，籽粒饱满，获得普遍增产。

一般每亩稻田载鱼量达到 100 千克以上时，经养鱼一年后，土壤中的氮、磷、钾，可分别提高 57.7%、78.9%、34.8%。水稻的空壳率下降，千粒重提高，亩增产 5%～15%（在中低产田增产幅度更大些）。

（2）提供商品鲜鱼

稻田养鱼为发展淡水养鱼业开辟了新的路径，从而增加了水产品供应，满足人民日益提高的生活需要。

（3）增加收入

俗话说，稻田养鱼是“1 亩面积，2 亩产量，3 亩效益”。可见，稻田养鱼高效的生态模式，提高了土地利用率，降低了农业生产成本，增加了水稻和鱼的收入，可谓一举多得。

（四）近年贵州稻渔综合种养的主要事件

2015—2016 年，在中国水产科学院淡水渔业研究中心进修学习的来自多个国家的农业部门官员、专家到贵州省湄潭县考察学习稻渔综合种养（图 4-2）。

图 4-2　来自多个国家的农业部门官员、专家赴湄潭县考察学习稻渔综合种养

2016 年，贵州山至金生态农业有限公司被评为“中国稻田综合种养技术示范基地”。

2017 年，贵州山至金生态农业有限公司、湄潭县贵州满地金生态农业有限公司实施的稻渔综合种养分别获农业部“稻渔综合示范区”称号。

2017 年，中央电视台《科技苑》栏目播出《山区稻田也能养出大鱼了》，宣传贵州省山区稻田种养中取得的成果和经验。

2019 年，贵州省稻渔综合种养投放苗种 1.025 万吨，鱼苗 7.06 亿尾，发展稻渔综合种养面积 267.12 万亩，稻渔综合种养产量 5.18 万吨，同比增长 29.2%。2020 年，发展稻渔综合种养面积 280.04 万亩。

2019 年生态渔业发展带动了 70 余万户农户增收，其中，建档立卡贫困户 4 万余户 14 万人。2020 年贵州省农业农村厅支持“9+3”深度贫困县（市、区）发展生态渔业，累计带动 10 万余户农户增收，其中建档立卡贫困户超过 2 万户。2020 年，贵州省撕掉了千百年来的绝对贫困标签，生态渔业作为贵州 12 个农业特色优势产业之一，做出了重要贡献。

图 4-3　贵州省湄潭县发展生态渔业现场会现场

第三节　侗族稻田养鱼的历史与文化

（一）侗族稻田养鱼的历史和传承

稻田养鱼是侗族传统的耕作模式。侗族至今仍有“水稻民族”的称谓和“侗不离鱼”的说法，说明侗族与水稻种植和稻田养鱼之间密切的关联。

锦屏侗乡以出产专供稻田养鱼的“婆洞鱼花”而闻名，供应湘、黔、桂交界地区 20 多个县的鱼苗。该地区使用的据说是始于明代的鱼苗繁殖技术，可见在历史上该地稻田养鱼之兴盛。

居住在清水江流域的侗族人民，受益于依山傍水的优越地理条件，其水稻栽培的历史悠久，稻田养鱼传统亦长，饭稻羹鱼的生活习俗沿袭至今。其独特的“腌鱼”就是一种独具民族风味的美食，常常用作款待上宾或在盛大节日庆宴之上的佳肴。

（二）侗族稻田养鱼的习俗

在侗族文化中，鱼具有生殖、团聚、富裕、吉祥和避邪等多重寓意，并流传着鱼神的传说。在侗族信仰中，鱼还与禾魂、萨岁、守护神有紧密联系，“鱼”在侗语里因与“始祖母”的发音一样（皆为“萨”）而成了一个神圣的词。鱼的尊贵地位使得养鱼、食鱼和用鱼成了全民族不可或缺的文化需要，造就了“侗不离鱼”的饮食文化，糯稻（米）、鱼、鸭一直是侗族人民日常饮食中的必备品。

历史上，侗族传统文化体系都建于糯稻生计之上，糯稻和糯米制品早已深深地嵌入侗族人日常生活之中，担负着多种重要的功能。从江、黎平、榕江一带属于侗族传统习俗保存比较完好的地区，糯米在当地有着非常广泛的用途，包括用作主食、祭品、礼品、补品。外出吃的包饭、居家喝的油茶、节日打的糍粑、婚礼的彩饭、丧礼的祭饭、酿甜酒等都离不开糯米。和糯米一样，鱼也渗透到侗家人生活的方方面面，逢年过节、婚丧嫁娶、敬神祭祖都离不开它，所谓“无鱼不成礼”“无鱼不成祭”。例如在从江，鱼是侗族家常的主菜、宴会的首道菜、接生和订婚的礼物、开工和落成仪式的必备品、鼓楼和侗锦图案的主题，也是丧葬期间唯一允许吃的荤菜。

节日是传统文化集中展示和传承的舞台，侗族的节日就是侗族农业文化的表现舞台和传承空间。黔东南地区是著名的“百节之乡”，每年有多达 300 多个民族传统节日，其中与糯米有关的就有 200 多个。从江侗族的节日包括春节、秧节、社节、清明节、四月八、端午节、吃新节、六月六、八月八、芦笙节、石家节、杨家年等，黎平侗族也几乎每个月都有节日。这些节日的主打食品都是糯米糍粑和甜糯米酒，不同节日须准备不同的糍粑，而且酸鱼和油茶等节日食品也都含有糯米。传统节日越多，对糯米和鱼的需求量就越大，稻田养鱼也就越有生命力。

频繁的节日活动在为稻鱼产品提供消费机遇的同时，也再造了下次节日活动对稻鱼产品的新需求，反复产生的文化愿望和动力会源源不断地作用于稻田养鱼的发展。由于糯稻是侗族传统民俗文化的载体，所以“稻 / 鱼——侗族文化 / 侗人身份”早已有机地融合在一起，构成了一个相互依存的共同体。

“侗不离鱼”在一定程度上反映了侗族人民对鱼的喜爱。习惯吃鱼的侗族人民虽濒水而居，居住区域没有大江大河，只能依赖传统稻田养鱼的方式来获取日常必要的鱼类产品，并代代相传。

现在侗族人家过年、过节和招待客人都要用鱼，除了水稻收获季节食用鲜鱼外，还要做腌鱼，以备其他季节食用和满足其他需求。稻田和其他种植经济种物的土地多远离村寨，人们通常是早出晚归，早上出门时带上糯米饭和腌鱼以备中午食用。收获鱼的季节，人们常常在田里捉鱼并拌上野菜烧鱼下饭。因此，侗族人对鱼的需求也源于侗族地区自然条件和人们的生产习惯。

侗族悠久的稻田养鱼历史催生了鱼文化，鱼文化的形成又促进了稻田养鱼技术的发展，“侗不离鱼”反映了侗族人民在文化习俗上对鱼的需求。人们逢年过节必须要有鱼，婚丧嫁娶也必须要有鱼，祭祀祖先更不能没有鱼。例如，“吃相思”等大型社交活动都必须准备糯米饭和腌鱼待客。“坡会”等男女青年交谊活动的开宴也须有腌鱼。在建房、修仓等建筑活动以及各种喜庆活动中，鱼不仅作为开工仪式的必要用品，还是招待、答谢亲友的首选佳肴。

现在在从江县占里、增冲，榕江县车江镇等地，仍保持着下列传统风俗：小孩诞生时要用腌鱼作为给接生妇女的报酬；在小孩的三朝和满月酒席上，鱼是必备的头道菜；在老人辞世时，家人和家族成员忌吃荤菜，但可以吃鱼；占里的人订婚，按照女方家族户数的多少，男方必须配同样数量的鱼，以赠女方的叔伯兄弟。

鱼在侗族中还是吉祥和富裕的象征。因此，在侗族的鼓楼、风雨桥、民居、墓碑等重要建筑上以及侗族刺绣中，鱼是最常见的图案。

春夏季节，鱼常常饲养于稻田之中。逢喜庆、节日（图 4-4）或有客至，则捕杀数尾，制成佳肴佐酒。至今，侗族著名的菜肴当中还有“腌鱼”“烧鱼”“鱼生”“酸菜鱼”等，无不与“鱼”有关（图 4-5，图 4-6）。农村的侗族同胞在夏季涨水的农闲时间，都有垂钓的爱好，偶有收获，喜不自禁。尤以钓到鲤鱼最为兴奋。钓到鲤鱼，预示自己运气好，有福气，一年当中都会风调雨顺。

图 4-4　侗族人民欢度节日

图 4-5　腌鱼

4-6 烧鱼

（三）侗族“稻”和“鱼”的故事

1. 侗族酸汤鱼的故事

传说很久以前，一座大山的山脚下住着一位叫阿娜的侗族姑娘，不仅长得美，能歌善舞，且能酿制美酒。该酒有幽兰之香、清如山泉……香醇可口。有一天，住在大山另一边的侗族阿哥宝辛去卖自己做的渔具，刚好从山下路过。见到阿娜在河边打鱼，宝辛便用他做的打鱼工具帮她打到了好几条鱼。这时天突然下大雨，于是宝辛把披风送给阿娜用来遮雨。阿娜带他到家中躲雨，正好碰到她妈妈在做饭，宝辛将自己打的鱼送给阿娜的妈妈。阿娜的妈妈用她家里的泉水酒和酸汤做了一道祖传的酸汤鱼，宝辛品尝后顿时觉得非常好吃，于是就和阿娜学习。从此，酸汤鱼的制作技艺开始在不同的村落流传开来，以致后来形成了丰富多样、各具特色的酸汤鱼制作方法。

2. 侗族烧鱼节

每年农历七月，贵州省榕江县乌东侗寨都要举办一年一度的烧鱼节活动。烧鱼节具体日期要按照当地习俗确定。

烧鱼节期间要放水晒田，并进行简单的祭祀仪式。这是村里稻谷成熟之前进行的农事活动，需要食用田鱼来庆祝。目的就是为了告诉后人，稻鱼的丰收，离不开一年来的辛苦劳作。

大清早，村子里的家庭妇女就开始上山采集鱼腥草、阴莼菜、毛毛菜、亮光菜等野菜。待到中午，妇女们或挑或担，齐齐来到瑞里河边洗菜，从田里捞出的肥鱼要先放到河塘里洗净，用洁净的河水，洗掉鱼身的污泥。待到晌午时分，男同胞们点燃炭火，用木棍刺穿鱼身，放置于火上炙烤。大家团圆围坐，手持叉鱼的木棍，上下翻烤。一时间，整个河岸鱼香扑鼻。

把烤熟的田鱼精心除刺除鳞后加入当地生长的香料，与很多野菜一道，凉拌入席。鲜鱼与野菜一起进入口腔，味道绝美。这道菜在侗语中叫“坝扣”，直译就是“烧鱼”。

烧鱼节是侗族传承了千年的传统习俗。此时正逢早稻成熟，侗族同胞就要开田排水晒田。节日这一天，侗寨家家户户都要下田捕鱼，带上糯米饭、米酒，邀请亲朋好友来到地头，尽情享受鱼和酒的美味，当然还要祭祀鱼神，祈求鱼粮丰收，年年有余。

3. 侗族冻鱼节

侗族冻鱼节是流行于贵州省从江县庆云乡境内村寨的一种传统祭祀活动，每年农历十月十二举行。节日期间，主人邀请亲友、客人聚餐吃鱼，参加唱歌跳舞等活动。

此节之所以称“冻鱼节”，是因为每年农历十月十二日的前一天，侗族人会从田里捉回鲤鱼，将它煮熟，加入盐、味精和其他香料，连汤搁置到第二天。冷却凝冻后，汤汁如果冻，这就是所谓的“冻鱼”。

冻鱼节的来历说法不一。其中一种说法是：在当地人的祖先中，有一位能征善战、英勇无比，倍受族人拥戴的勇士。有一年他率兵出征在外，直至秋收时节仍未归故里，但家人还是开田捉鱼回来煮好等他，盼他回来共同享用。家族此举感动了天神，天神为了不让煮好的鱼变臭，下令让天气变冷，让鱼冻结。十月十二日这位勇士回来后，吃到的冻鱼味道仍然十分鲜美。当地的侗家为了感谢天神，决定每年的农历十月十二日拿冻鱼祭祀天神，形成了今天的冻鱼节。

第四节　苗族稻田养鱼的历史与文化

（一）苗族稻田养鱼的历史和传承

苗族是一个历史悠久的民族，在漫长的岁月里不断向南、向西迁徙聚居于以沅江流域为中心的今湘、黔、川、鄂、桂省毗邻地带，而后由此迁居各地。现在主要分布于贵州、云南、湖南、四川、广西、湖北、海南等地。

春秋时期，越国大夫范蠡总结了群众养鱼的经验，写了著名的《养鱼经》，其中包括了稻田养鱼种养技术。据记载，苗族先民曾在长江中下游繁衍生息，因此《养鱼经》中记载的稻田养鱼，也包括了苗族先民的养鱼智慧。稻田养鱼是苗族人民的传统文化，苗族人民每年都要举行“吃新节”，将稻田鱼拿来祭祀，祈求祖宗保佑来年鱼稻双丰收（图 4-7）。

图 4-7　苗族人民从稻田中捕鱼归来

梯田是苗族农耕文化的一大特色（图

4-8)。苗族人民在长期的生产生活中创造了光辉灿烂而又独具特色的农耕文化，其中，稻田养鱼是苗族水田农业的一项重要技术。

图 4-8　梯田

（二）苗族稻田养鱼的习俗

早在渔猎时代，鱼是苗族先民主要的食物来源，苗族先民从鱼的自生自繁、群游群聚的特征中得到启发，希望自己的民族像鱼一样兴旺发达，故对鱼有着很独特的崇拜之情。招待宾客。居住在贵州东部、南部的苗族人民，每逢农历七月“鬼节”、八月“吃新节”，以及平时的人来客往，都要用鱼祭祀祖宗，此外，婚丧娶嫁，架桥立房，踏青扫墓都少不了有鱼充席。

在贵州的少数民族中，苗族人民尤其爱吃鱼。丰富的传统文化，使得他们的烹鱼方式丰富多样，各具特色。例如，苗族传统的风味名菜——“酸汤鱼”，以肉嫩汤鲜，清香可口而驰名中外（图 4-9）。

在榕江县一带的苗族特色菜肴——香茅草烤鱼也独具特色，其骨酥脆，

图 4-9　酸汤鱼

肉嫩鲜美，香气扑鼻。腌鱼也是苗族人民喜食的传统名菜之一。将鲜鱼剖开取出内脏，抹以盐、辣椒面等，置于火塘上焙烤半干，食用时将其蒸热，具有骨酥、清香的特点。

由于在历史上没有形成统一规范的文字，苗族人民无法将本民族的历史用文字的记载下来，只好用歌词和传说故事等形式，代代相传。苗族人民习惯用歌来传唱他们的历史。稻田养鱼的悠久历史在《苗族史诗》中有具体体现。

（三）苗族“稻”和“鱼”的故事

1.《苗族史诗》中的稻田养鱼

《苗族史诗》（图 4-10）中有一段歌词，翻译成汉语其大概内容如下：

开田要留路，
留路给人们赛马，
留路给人们抬轿；
开荒要留沟，
留沟让水流，
把水引到田里，
好在田里养鱼。
还有一个小山坡，
留它作什么？

图 4-10　苗族史诗（吴一文等 / 译注）

留作晒谷场。

2.《养鱼歌》

贵州苗族人民中流传着这样一组古老的《养鱼歌》(图4-11)。其中一段男女对唱的歌词翻译成汉语大概内容如下：

图 4-11　男女对唱《养鱼歌》(刘开福 / 摄)

男：哪个是聪明人，哪个去结草把，扎排给鱼产卵。

女：王宝最聪明，是他去结草把，扎排给鱼产卵。

男：哪个好心肠，他去点火把，照母鱼产卵。

女：雷公好心肠，他去点火把，照母鱼产卵。

男：不知找来白条鱼，或是找鲤鱼。

女：不找白条鱼，那鱼长太慢，个体也不大，去找鲤鱼种，鲤鱼长得快，又长得大个。

男：哪个心眼灵，下河里捉鱼，放在塘里养。

女：辽勾斗沙宝（人名译音），跳下河里去，睡了九天整，剖鱼吃鱼肝，溜出鱼卵来，粘在他身上，全身油腻腻。他跳进塘里，洗了个好澡，鱼卵飘水面，产出好鱼种。

男：养鱼过卵节，晚上放九双，早晨剩九节，九节如仓枯，他赶紧设计，谋划做什么。

女：他赶紧设计谋划去骂寨，去诬陷鹭鸳，说鹭鸳吃去又诬陷枫香，说枫香吞掉。

男：鹭鸳和枫香，赶忙来说理，开口如何讲。

女：鹭鸳抢先说“不是我吃鱼，你去问枫香。”枫香树来了，它把道理讲，我的梢脚直立，腰部弯不下，不是我吃鱼，你去问上寨。”

男：王宝又说话，他是怎样讲。

女：怕是些姑娘和一些少妇，她们下田去，把鱼捉去了。

男：叨肠些姑娘和一些少妇，她们又怎么讲。

女：她们不承认，她们把话讲“你等日偏西，月上东山顶，你扛把钉耙，掏泥糊田埂。明天大清早，你赶忙起去，赶去看田埂，稀泥留脚印，若是猫足迹，那就是水獭，吃了你的鱼。

翌日天麻亮，他就赶去看，田埂稀泥里，尽是猫足印，就是水獭把鱼吃，设计结套去捕獭，抓它来说理。

从上述的歌词内容可知，从村民开始挖塘养鱼，到鱼被水獭捕吃这一细节反映了当时的渔猎生产效率明显提高。村民捕获的鱼有剩余，可以放在田里养起来，开始了稻田养鱼。

歌词中的“结草把”，就是用龙须草结绑给鲤鱼产卵的鱼巢，反映了苗族地区在历史上稻田养鱼的技术，且已有了一定的水平，苗族人民已掌握了亲鱼产卵的基本规律。

3.《赞鱼歌》

苗族人民喜欢吃鱼，而酸汤鱼、冻鱼、腌鱼等鱼类食品是苗族的几大特色佳肴。鱼是苗族人民逢年过节、款待客人的美味佳肴。如在黔东南苗族地区流传一首客人赞美主人家的酒礼歌《赞鱼歌》：

别人得坡田，
主人得寨脚田。
田鱼大如门，
鳍粗如扁担，
鱼鳃像锅盖，
鱼鳞如掌大，
罩鱼鱼罩破，
网捞网也破，
罩住不敢捉。

这首歌采用对比、夸张、排比等修辞手法赞美主人的稻田好，养的鱼个体大，以此表达对主人慷慨大方、热情待客的感谢。

4.《引鱼种歌》

在黔东南和黔南的清水江、都柳江流域，当地苗族人民中流传着一首《引鱼种歌》，在此节选一段。

我苗家地方，
梯田坝连坝，
块块水汪汪，
鲤鱼成串串。
这些鲤鱼种，
在古老时代，
是怎样来的，
繁衍到今天？
……

《引鱼种歌》歌词较长，反映了苗族人民经历漫长年代求得鱼种，经历艰难开拓，得以发展出成熟的稻田养鱼技术。《引鱼种歌》向人们展示了苗族人民寻找和放养稻田鱼的历史缩影。

5.《酸汤鱼歌》

在各地苗族人民中，喜欢将稻田鱼加工制作成酸汤鱼，味道鲜美，因此也有《酸汤鱼歌》广为流传：

客人来到家，阿妈心里急，
叫娃崽快去，走到养鱼田，
用鱼罩去罩，捉得大鲤鱼。
娃崽急回家，高兴问阿妈，
大鱼怎么煮？阿妈来答话：
要煮酸汤鱼，酸汤鱼好吃，
我自己来做。
阿妈再发话，叫阿妹洗锅，
赶快添生水，又把酸汤放。

阿妈手麻利，捉几条活鱼，
把鱼胆取掉，放进酸汤里，
鱼又奔又跳，锅水溅四方。
锅里水翻滚，鱼味酸又鲜，
香气满堂屋，闻到流口水。
客人啊！
快吃酸汤鱼，快喝酸汤水，
再喝碗米酒，要把歌来唱，
客人把情领，唱起酒歌来：
问：喜吃酸汤鱼，鱼从何处来？
答：吃上亲家鱼，鱼从田里来。
问：孔夫子教学，鲁班会建房。

哪个养鱼招待？才请得先生来。
哪个养鱼招待？才请得鲁班来。
答：是苗家的祖先，他们合计商量，
挖塘又造田，种稻又养鱼，
招待孔夫子，
迎接鲁班师傅来。

6. 神话叙事长诗《多往颂》

在三都、丹寨、都匀一带仍流传着苗族的神话叙事长诗《多往颂》。该叙事诗讲述了仙女和民间苗族男子的爱情故事。天上的仙女“多往颂”看到民间的男子“阿祥贡”的稻田里养有鲤鱼，稻田中其他水生动物如泥鳅、黄鳝、螺蛳、虾子也较多，香菜等植物也十分丰富。“多往颂”只顾自己开心地捕捉和采摘，把那些尚未收割的水稻给践踏了，“阿祥贡”误以为是本村姑娘们弄坏的，去找她们理论。姑娘们为了证明自身的清白，大家相约在月夜当空的夜晚躲在田埂边去看个究竟，这才发现是天女下凡来捕鱼捞虾，把“阿祥贡”家田里的稻谷给弄坏了。她们把看到的情况告诉了"阿祥贡"。于是,"阿祥贡"在夜里也躲在田埂边,待仙女"多往颂"下来捕鱼捞虾时,将她抓住。经过一番说明之后,"多往颂"认识的自己的错误,便决定留下来嫁给"阿祥贡"。双方经过种种磨难之后,终于过上了幸福的生活(图 4-12)。

图 4-12 "多往颂"苗族姑娘形象(瞿宏伦 / 摄)

图 4-13 吃新节(杨文斌 / 摄)

7."吃新节"

"吃新节"是贵州东南部苗族中每年一度较为隆重的传统节日(图 4-13),有"吃新饭""吃新米饭"等意思。"吃新节"的一个重要仪式是必须要有鲤鱼、糯米饭、米酒等作为祭祀品用来供奉祖先,而且要求所用的鲤鱼必须是稻田里养殖的,这样的鱼才被认为是健康的,用在祭祀中才能被先祖"接受"。鲤鱼在苗族的民俗中具有繁殖旺盛、多子多女的文化象征意义。无论是接亲嫁女、丧葬仪式还是节庆祭祖,稻田里养殖的鲤鱼都是必不可少的。

“吃新节”是在每年秋收前后的龙日里举行的，龙在苗族的原始思维观念中属于水生动物，与鲤鱼同源。龙日代表有水的日子，在这样的日子里祭祀祖先，意味着水源丰沛，不仅可以用来养殖鲤鱼，也可以种植水稻，使稻谷能够增产。鲤鱼是人丁兴旺的象征，祖先护佑每年种植的粮食丰收增产、人丁兴旺，而在丰收之后则要对祖先进行供奉，“吃新节”也正是基于此种习俗而逐渐形成，代代相传，沿袭至今。这种来源于农耕生产的文化习俗，是人与自然生态之间构建和谐关系的思维模式，也是苗族人民在长期的生产生活中形成的生态文化特点。

8. 婚庆仪式

雷山县的苗族在结婚时，男方家会蒸上糯米饭，备七条或九条大鲤鱼，用棕叶或米草包好，作为礼物。然后从寨上找四至六个知心的伙伴为接亲客，带着上述礼物，趁天黑前赶到约定的地点等候，将糯米饭和鱼分给大家吃，边吃边走。到新娘家后，女方将从娘家带来的糯米饭和新郎家的糯米饭混在一起煮，又要煮两条大鲤鱼，斟两碗米酒作为祭祀礼品，摆在桌上祭祀祖先。把鱼肉吃完后，就将两条鱼的背脊骨并捆在一起，悬吊在新房的楼板中央，表示新娘新郎相亲相爱，白头到老，一生和睦。由此可见，苗族人民婚丧嫁娶、接待来客、修房造屋以及祭祀用品都离不开鱼，因而他们必须依靠稻田养鱼，以备自用，不可或缺。

9. 祭祀

在苗族的社会生活中，用“鱼”和“稻”作为祭祀品敬供祖先、神灵是十分普遍的。如在都匀市的王司镇基场乡一带的苗族人民在每年过节祭祀祖先时，都要使用鱼和糯稻作为祭品。

第五节　水族稻田养鱼的历史与文化

（一）水族稻田养鱼的历史和传承

水族，约有 40 万人，主要聚居在贵州省黔南州的三都、荔波、都匀、独山以及黔东南州的凯里、黎平、榕江、从江等地，少数散居在广西壮族自治区的西部。在水族的民歌中，常以“像凤凰羽毛一样美丽”来形容自己的家乡。

水族人将鱼作为图腾，水族的《人类起源》记载：洪荒年代，避身于葫芦中，在恶浪中飘荡沉浮的兄妹俩，有幸得到双鱼的承托才逃过劫难而成为再创人烟的水族始祖。因此水族墓碑上出现双鱼托葫芦石雕，寓意深刻。水族的鱼图腾体现了水族人民生产生活的神圣性，也显示出整个民族的强大生命力（图 4-14、4-15、4-16、4-17、4-18、4-19）。

图 4-14　鱼形收纳

图 4-15　水族水书

图 4-16　水族水历

图 4-17　墓碑鱼石雕侧面图

图 4-18　墓碑鱼石雕正面图

图 4-19　鱼形锁

据史料记载，水族先民从中原睢水流域迁到南方，曾经长期生活于今天广东、广西境内的邕江流域。正是邕江流域丰富的鱼类等众多水生资源，促成了上古时代水族先民“渔猎与采集”经济的形成与发展。水族先民的原始农业正是在这种环境中，经过缓慢的发展，形成了第一个农业文明时期，即“垦食骆田”时代。根据史籍的记载，我们可以了解到，“骆田”的特点是“仰潮水上下”或“从潮水上下”，而无论是“仰潮水”或“从潮水”，实际上都是一个道理，即这些骆田既近水利，但又可避水害（图4–20）。水族民间歌谣用“四周开成田，中间让水淌”来形象地描述其先民在这一时期“垦食骆田”的具体场景。这种“中间让水淌”的道理，不但是农业生产灌溉的需要，也是原始农业文明中，水族“稻鱼共生”的前提条件（图4–21）。

图 4–20　开垦中的骆田

图 4–21　成型后的骆田

“春华秋实”是农业生产的一般规律。春季正是农业生产的播种时期，也是鱼类的产卵繁衍时期。在大江大河中生活的鱼类，在产卵季节，喜欢溯流而上进入一些小溪流之中产卵繁衍。在雨水丰沛的季节，它们均生活于这些溪流之中，直到季节变换，才又重归江河。鲤鱼、草鱼、鲫鱼，尤其如此。在水族先民“垦食骆田”的原始农业社会时期，坐落于江河两岸的骆田，在鱼类产卵繁衍的季节，正处于秧苗返青的时节，此时，这些骆田正是鱼类产卵和繁衍的理想温床，而“中间让水淌”的骆田开发格局，又为鱼类溯流而上，顺利进入这些骆田提供了便利的条件。在水族先民“垦食骆田”的时代，“鱼稻共生”是其农业生产的显著特点（图4–22，图4–23）。

图 4-22　稻田放鱼苗

图 4-23　运鱼苗

（二）水族稻田养鱼的习俗

迁移后，水族先民的生产方式由“渔猎与采集”变成了“垦食骆田”，即“四周开成田，中间让水淌”，催生了真正意义的“稻田养鱼”文化。生活在贵州南部都柳江及龙江上游以梯田稻作农耕为业的水族同胞在稻归粮仓、鱼归鱼塘的秋收之际，家家户户都要举行神秘而隆重的“祭谷魂”仪式。祭谷魂一定要用当年收获的肥鱼和禾糯作为主祭品，取饭稻羹鱼之意（图 4-24）。

图 4-24　水族“祭谷魂”仪式的祭品

水族地区有悠久的鱼类养殖历史，并且以鱼作为祭祖和待客的珍品，如鱼包韭菜（图 4–25）、炕鱼、熏鱼等。水族人民非常重视渔业生产，广泛利用水田、山塘养鱼，不少家庭还在住宅边挖池饲养。水族与鱼的历史关系源远流长，过“端节”必食鱼。端节祭祖的另一重要祭品还有南瓜。许多大型祭祀场合都用水书写下一行字，即“鱼瓜祭祖吉”，以示纪念。

图 4–25　鱼包韭菜

在水族地区，刺绣和剪纸工艺中随处可见鱼的图案和形象，体现着水族人民对美好生活的向往。他们会对自然界中的鱼、虾等细致观察，加以丰富的想象，将其形象勾勒在硬纸上，寓意食物丰足。比如妇女服饰的围腰、背带、银饰上均配有鱼纹图案，房屋屋脊、中梁等处也配有鱼形装饰，石墓碑盖上刻有双鱼托葫芦一类的图形等，还有大量民间文学作品中美丽、善良、勇敢的“鱼姑娘”形象，均生动地表现了水族人民对鱼的真挚情感以及鱼与水族人民的亲密关系（图 4–26，图 4–27）。

图 4–26　水族刺绣

图 4–27　水族马尾绣

鱼也会作为联姻的信物，充当圣物角色，提亲时，男方的母亲会放几条小鱼干在盛放礼品的竹篮底部，女方若允诺婚事则收下礼品篮和鱼干。此外，新娘出阁前尝一口鱼，祈求祖宗保佑一生幸福美满。新房门前摆放一盆水，水中放几尾鱼，寓意鱼水合欢、早生贵子、多子多福。水族人祭祀时也必须要有鱼，如用鱼、酒祭祀“昆袄”“家者”，表明族人准备了大酒大肉，祈求保佑家人平安，养牛得牛，养猪得猪。

水族人聚居的个别地区，凡是村里妇女生了小孩，不论几月出生，一律要等到“娘娘节”（腊月丑日）将准备好的鱼、鸡、鸭等贡品，用方桌或者簸箕摆在堂屋的中柱边，以祈求“地母娘娘”保佑孩子起居饮食平安。黔南州三都自治县的盖赖、打鱼等水族村寨还有一种别具一格的“斗鱼”娱乐活动。这些村寨在田中养着一种好斗的鱼，闲暇时抓两条“斗鱼”放在一起相斗，以此消遣娱乐。

（三）水族“稻”和“鱼”的故事

1. 吃新节

在吃新节的祭祀仪式之中，以新谷、鲜鱼为祭品，当天的食材亦以新谷、鲜鱼为主。吃新，不但标志着庄稼即将成熟，同时也是人们对收获的期盼，而这种收获包含了稻谷丰收和鱼获肥美两个方面的内涵。吃新之时，庄稼颗粒的饱满程度、鱼尾的大小是人们关注的重点。

2. 鱼、猪上供的由来

传说很久以前，有户人家，父母亲已七十多岁了，身边有三个儿女，大儿子叫阿牛，二闺女名叫阿叶，三闺女名叫阿花。有一天，阿牛把两个妹妹叫到一块说：“眼看父母都老了，每顿只能吃些汤汤水水，恐怕活不长了，我们要拿出自己的本事，出去找些东西孝敬父母，报答父母的养育之恩。”第二天，阿牛带着两个妹妹来到父母面前，把想好的话一五一十说了。父母听后，也不好说什么，想把他们留在身边又怕连累儿女受苦，便允许他们自己出门找生计。阿牛心想：两个妹妹年纪还小，不能出远门，便留她俩在离家较近处找生计，自己便出远门去赚钱了。

阿牛走后，阿叶到离家不远的阳安（地名）打猪菜，喂养小猪，打算在两年后，抬着肥猪回家看望父母。阿花见哥哥姐姐都走了，便到另一个离家不远的三洞（地名）割草喂鱼，打算两年后拿鱼去孝敬父母。

两年后，阿叶果然赶了一群猪回家，父母高兴得不得了，把猪全关进圈里。阿花也抬着满满的两篓草鱼回来了。这下，父母就更高兴了，只等着出远门的大儿子阿牛回来。一家人盼呀盼呀，等呀等呀，但阿牛还是没有回来。又过了不久，父母均因病去世了，两姐妹哭哭啼啼替父母办丧事。因为家里太穷，没有钱买别的东西，两姐妹便用猪和鱼在父母的灵堂前供奉。

据说从那以后，凡是老人去世，三洞这个地方的人们就用煮熟的草鱼或鲤鱼来供奉先人，而阳安一带便习惯宰杀小猪崽来供奉先人。

3.《鱼姑娘》

传说月亮山上月花湖畔有个穷后生阿珍，每天上山砍柴下湖捕鱼为生。一天他捕到一条金色的大鱼，拿回家中放在水缸里边。骤然一声巨响，金鱼变成一个红衣女郎。阿珍与鱼姑娘结为夫妻。贪婪好色的县官知道后，百般刁难，想找借口抢走鱼姑娘。阴谋失败后，县官带领随从围着茅屋，强逼鱼姑娘嫁给他。鱼姑娘决心用生命来维护她和阿珍的爱情，使尽全身解数，呼风唤雨。顿时，电闪雷鸣，大雨倾盆，洪水滔滔，很快把好色的县官和他的狐群狗党淹死了。最后，鱼姑娘因使尽仙术，失去人形，化为美丽的彩虹挂在天边。

4. 端节儿歌《端节喜气洋洋》

端节是水族欢度新年的盛大节日，节日期间人们开塘（田）捉鱼，上坡赛马，铜鼓鸣响，到处都是《端节喜气洋洋》的歌声：

端节到家家忙，
舂糯米开鱼塘。
酿甜酒缝衣裳，

敲锣鼓把歌唱。
听到马铃叮当响，
个个跑去端坡上。
喊哑了嗓子，
拍红了手掌。
端节到家家忙，
端节到喜洋洋。

5.《鲤鱼歌》

鱼在水族先民心中有重要地位，水族歌谣《鲤鱼歌》就能直接地表达这一特点：

咱鲤鱼，本住长江，地面广，四处游连。鱼摆尾，波浪翻滚，鱼点头，红鳞闪光。庚午年，水府打仗，两条龙，你争我抢。咱鲤鱼，心头害怕，一家人，逃往四方。到乌江，更遇豪强，麦隆隆，滩头放响。石头飞，穿肠破肚，波浪滚，鱼飘满江。一家人，死去大半，只剩下，鱼爹娘，夫妻俩，抹干眼泪，都柳江，安下家乡。春产子，生儿育女，夏戏水，跳跃滩上。秋找食，江河漫游。冬怕冷，潜伏深塘。天地转，春去秋来，咱鲤鱼，才又兴旺。

6.端节

端节既是水族新年，也是水族人民庆贺丰收的节日。在端节祭祖的仪式上，用当年的新米蒸的糯米饭，配以当年收获的鱼制成的鱼包韭菜作为主祭品。

端节到来之前，水族家家打扫庭院，居室内外收拾一新。节日里，水族人杀鸡宰鸭吃新谷，并要以鲜鱼炖汤，准备好新米鲜鱼汤招待亲朋。节日前一天，家家户户忙着准备酒肉和糯米饭，合家欢聚吃一顿围炉而坐的火锅年夜饭。席上一定要有鱼，所谓“无鱼不成年”，显示出水族人对祖先和世居地的深情。

节日期间，糯米饭和鱼是待客的佳肴。每年秋收，米粮归仓之后，每个水族家庭均要举行祭谷魂仪式，其主祭品也是糯米饭和酸汤煮鲤鱼。

图 4-28　水族端节祭祀活动

图 4-29　水族端节赛马活动

端节的主要活动是祭祀和赛马（图 4-28，图 4-29）。除夕（戌日晚）和初一（亥日晨）祭祖，设素席（除鱼以外），忌食荤，因此，家中一切炊具器皿和桌椅板凳都要刷洗得干干净净，供品中不能有鱼以外的其他肉类，供豆腐、糯米饭、米酒、南瓜、茄子及花生、糖果等。祭祖的主祭品是鱼包韭菜（图 4-30，图 4-31），传说是因先人曾以九种菜和鱼虾做成的药驱除过百病；另一种说法是由于水族人的祖先由南方北迁时，送行者送上一包食物，内有九种青菜煮的鱼，他们靠着食物充饥来到黔南落脚，后来鱼包韭菜便成为水族人最喜欢的家乡美食。《端节歌》唱道："仙造端，送虽来过，煮鱼虾，祭奠远祖。扫庭院，擦洗

图 4-30　鱼包韭菜（腌制）

图 4-31　鱼包韭菜（成品）

碗筷，吃素菜，古老规矩……”鱼包韭菜的做法是取新鲜的青鱼、鲤鱼或草鱼，剖腹去除内脏，抹上好酒，将韭菜、广菜、糟辣及葱、姜、蒜等调味品填入清洗干净的鱼腹，用糯米草将鱼捆扎好后，清蒸或清炖。祭祖时，往往要将糯谷米粑、衣着首饰及各种农具作为陈列品，表示托祖先洪福过上了好日子，往后依旧靠劳动去开拓幸福。有的还在门外设便席，撮上一堆火炭，放上烟杆与拐杖，以迎接“外出渔猎”的祖先灵魂“回家”。

7.“砍利”活动

在水族丧葬或造屋等大型活动的启动之时，人们必先举行必要的祭土（祭祀土地神）仪式。在这种仪式上，会将两大钵糯米饭和酸汤煮鲤鱼作为主祭品。水族较大型的丧葬活动中，都要举行“砍利”活动，即宰杀牛马等大牲畜进行祭祖。这些牛马在宰杀之前，都要拴在“砍利”场，进行展示，而拴这些牛马的木桩（主祭桩）的桩头要悬挂一条鲜活的肥美雌鲤鱼，桩脚旁边则一定要摆上一碗糯米饭。“砍利”之后，主祭桩要用来打造蒸笼，直取“饭稻羹鱼”的寓意。在三都水族自治县三洞乡的板南村一带，老人过世时，出嫁的姑娘、女婿一定要送来一篮糯米饭和一条重 1.5 ~ 2.5 千克的鲤鱼或草鱼作为祭祀的主祭品。

8. 婚礼活动

水族婚姻中，新娘要“进亲踏屋”。正式进入新郎家之前，要求屋中所有的人都必须暂时退出屋外，然后由新郎家族中一位慈祥的老妇右手提着一只土罐，手牵着新娘右手，由大门踏入新郎家。土罐中注入半罐井水，水中放入两条、四条或六条小鱼，新娘的左手则手握一把糯穗，不仅取吉祥、子孙发达之意，亦有期盼日后家道殷实之意。有的还附竹编罩鱼笼一个。鱼笼象征水族先民使用的鱼猎用具，其寓意是：“男婚女嫁，效古之法；嫁娶不忘古，子孙才发达。”

9. 招待贵宾

水族人家招待贵宾之时，一般以宰杀乳猪为上佳，但每至酒意正酣之时，主人必从房前屋后的鱼塘之中，捉来鲜活的鲤鱼，加入火锅中，以助酒兴。酒席上的人们，往往根据捉来的鱼尾的大小，来判断主人家道殷实的程度。生活宽裕者，鱼塘之中存养的一些陈年大鱼，小者 0.5 ~ 1 千克，大者 1.5 ~ 2.5 千克，在酒席上也是财富的一种体现。在追求饭稻羹鱼的稻作农业文化中，有大鱼，表明主人在持家、理财方面的才能不一般。

千百年来，“鱼稻共生”的文化传统，催生了水族“饭稻羹鱼”的独特的农业文化文明；在现实社会生活中，水族文化处处体现着“鱼稻共存，有稻必有鱼”的农业文化特点。

第六节 布依族稻田养鱼的历史与文化

（一）布依族稻田养鱼的历史和传承

布依族是中国西南部人口较多的少数民族之一。布依族主要聚居于贵州省黔南、黔西南地区，安顺市、贵阳市周边等地区亦有数量不等的分布，以及云南、四川的部分地区。

布依族的文化艺术绚丽多彩。民间流传的口头文学有神话、传说、故事、寓言、谚语和诗歌等，传统舞蹈有《铜鼓舞》《织布舞》《狮子舞》《糖包舞》等，传统乐器有唢呐、月琴、洞箫、木叶、笛子等。地戏、花灯剧是布依族人喜爱的剧种。布依族以农业为主，主要种植水稻。贵州布依族居住地生态环境好，雨量充沛，土地肥沃，稻作农业发达，技术较为成熟。土地一般为骆田，随潮水上下，鱼类便由此进入稻田中，稻田养鱼文化的起源较早（图 4-32）。

图 4-32　布依族稻田养鱼

有学者利用丰富的历史资料，对壮族、布依族、侗族、水族等少数民族的生活习俗进行了深刻的分析和概括，指出了这些民族生活习俗中共同的文化特征：嗜食水产，善于烹调。直至今日，布依族在饮食方面，都较为偏爱辣和酸味（如酸菜、酸汤等）。在过节的时候，喜欢吃糯米粑粑、鱼类等，并以此作为祭品和赠送亲友的礼品。布依族村寨都有很多的稻田以资养鱼。治丧期间，死者家人及其亲族都要吃素，但不忌鱼、虾等水产。

黔南州在宋代就有“种稻似湘湖”之美称。布依族有以鱼祭祖和招待宾客的习俗。七月半（阴历七月十三），布依族要包粽子、捉田鱼祭祖宗，家家户户吃田鱼（图 4-33）。

图 4-33　布依族烤田鱼

布依族有一首男女合唱的歌谣，反映了在古时候稻田养鱼便已成为布依族的重要农耕方式：

经由者央往下走，

哪块深就拿做田，

哪片长草就做地，
一锄收得十斤谷，
一网打得十斤鱼，
一块大田收千二，
榄豆豌豆满山种，
一棵担二还有余，
……

（二）布依族稻田养鱼的习俗

布依族素有“水稻民族”之称，稻田养鱼习俗流传已久。布依族的鱼是与稻连在一起的，稻鱼并重。这种稻田养鱼的方法就是布依族的传统生活方式。布依族人认为有鱼才有稻，养不了鱼的地方稻谷长得也不好。布依族人还认为鱼是水稻的保护神，至今布依族人仍把鱼当作神来敬仰。稻田里蓄水较深，且终年蓄水，主要目的就是在田中养鱼。在准备种稻时，农民要在稻田里给鱼做房屋。在插秧时，要留下专门的通道。布依族在耕作中，靠鱼去吃水草和松动泥土，使秧苗茁壮成长。因此，鱼不仅是村民的主要食物之一，它还成为布依族稻田农作的“工具”。

鱼在布依族的生活中起着举足轻重的作用，以至于在布依族村寨有“无鱼不成礼”“无鱼不成祭”“识鱼来认族”的说法。

每逢过年过节，或是操办红白喜事，招待客人的第一道菜就是酸笋鱼。主人敬客人的第一轮菜也是以鱼为原材料的菜品，让客人慢慢地品尝，以表示对客人的尊敬。人情往来，互赠礼品，鱼被视为较体面的礼品。如给小孩办满月酒时，外婆家送来的诸多礼品中，鲜鱼是必备的。

男女青年订婚，男方要托一位中年妇女带上腌鱼以及鸡、鸭到女方家去下聘礼；结婚，除了宴席上有鱼外，在新娘回门那天，新郎要给新娘家以及其家族成员每户送一条大腌鱼；办老人寿酒，女婿要给岳父或岳母送几条腌鱼；造房进新屋，亲戚朋友都要带腌鱼前来祝贺；男女青年社交活动的开宴也要有鱼，这是勤劳、富有、手巧的象征。

布依族人民从婴儿呱呱落地到老人古稀过世，各种仪式和宴席都离不开鱼。给老人办丧事，要求更为严格，更为讲究。丧葬期间，死者亲属可以吃鱼，但是禁食其他肉类；儿孙守孝，一定要在死者灵牌前供上新鲜的鱼、猪肉、糯米饭团，以慰亡灵。

大年初一必吃鱼。每逢过节，要用面捏成花鱼，放在神龛上祭奠。大年初一早餐，户户都要吃鱼，预示新的一年里五谷丰登、鱼类肥大。吃鱼要先由家里的长辈先尝，然后依辈分大小逐一而食，辈分小的最后吃，必须人人都能吃到。

居住在贵州和云南两省交界处的布依族人民，在每年准备栽秧的时候，会制造一个三角形的竹网，下面拴上小网，到水田里捞各种鱼、虾、虫，放进腰中挂着的竹篓里。拿回家后，将它们放进锅里加热焙炕干，再撒上食盐，便是一道美味佳肴。

（三）布依族“稻”和“鱼”的故事

在布依族的很多神话传说，都反映了布依族对鱼的崇拜和信仰。说明这种鱼与稻共存的观念是古代布依族的共同意识，因而在不同地区的布依族神话中都有出现，并成为这类神话共同的主题。

第五章

青田“全球重要农业文化遗产”——稻鱼共生系统

“田鱼”是浙江省青田县著名的特产，相传青田县自唐睿宗景云二年（711年）置县以来，就有稻田养鱼，至今已有1200多年的历史。清光绪年间的《青田县志》中有“田鱼，有红、黑、驳数色，土人于稻田及圩池养之”的记载。这是有关青田田鱼养殖的最早文字记录。

2005年5月16日，联合国粮农组织在世界范围内评选出了五个古老的农业系统，命名为“全球重要农业文化遗产”（图5-1）。作为有着一千多年历史的农作方式，浙江青田的稻田养鱼成为中国乃至亚洲唯一一个首批入选的项目。

图5-1 “青田稻鱼共生系统”被列为首批“全球重要农业文化遗产”

第一节 青田地理气候与稻田养鱼

（一）丽水市的地理位置及气候

青田县隶属丽水市，丽水市位于浙江省西南部，地处浙闽两省交界处，市境介于北纬 27°25′至 28°57′和东经 118°41′至 120°26′之间；东南与温州市接壤，西南与福建省宁德市、南平市毗邻，西北与衢州市相接，北部与金华市交界，东北与台州市相连；距省会杭州 292 千米，距上海 512 千米、温州 126 千米、金华 122 千米；市域面积 2600 万亩。

1. 地形地貌

丽水市位于浙闽隆起区组成部分，山脉属武夷山系，主要有仙霞岭、洞宫山、括苍山，呈西南向东北走向，分别延伸西北部、西南部和东北部。海拔 1000 米以上山峰 3573 座，1500 米以上山峰 244 座，其中，龙泉市凤阳山黄茅尖海拔 1929 米，庆元县百山祖海拔 1856.7 米，分别为浙江第一、第二高峰。地势由西南向东北倾斜，西南部以中山为主，间有低山、丘陵和山间谷地；东北部以低山为主，间有中山及河谷盆地。最低处为青田县温溪镇，海拔为 7 米。

2. 气候特征

丽水市在气候区划中隶属于中亚热带季风气候带，在区位上临近东海，受海洋影响较大，具有较明显的中亚热带海洋性季风气候。地势上多中山、丘陵地貌，具有较显著的山地立体气候特征。中亚热带海洋性季风气候与丘陵山地立体气候的叠加造就丽水优越的气候环境，是中国气候养生之乡。丽水气候的总体特征为“四季分明、冬暖春早，降水丰沛，雨热同步，垂直气候、类型多样”。全市常年（1981—2010 年，下同）年平均气温为

17.9 摄氏度，最低（1 月）平均气温为 6.7 摄氏度，最高（7 月）平均气温 28.4 摄氏度。历年极端最高气温 43.2 摄氏度（2003 年 7 月 31 日，丽水市区），历年极端最低气温 -10.7 摄氏度（1977 年 1 月 6 日，缙云）；全市常年年平均降雨量 1598.9 毫米，一年中有 80% 的降水出现在 3～9 月，其中 6 月最多（289.1 毫米），12 月最少（仅 44.3 毫米）。全市常年的年平均降水日数 166.6 天，3 月最多（18.3 天），12 月最少（8.3 天）。全市常年的年平均日照时数 1635.1 小时，7 月最多（215.6 小时），2 月最少（仅 84.0 小时）。丽水市的风速总体较小且盛行东北偏东风，全市常年年平均风速在 0.8～2.2 米 / 秒范围。丽水市是气象灾害的多发和频发区，气象灾害种类多，每年暴雨、台风、寒潮、大雪、低温、大风、冰雹、雷击、高温、干旱等各类气象灾害都会发生，容易发生流域洪涝、小流域山洪、山体滑坡、泥石流、森林火灾等次生或衍生灾害。

3. 河流水系

丽水市区域内有瓯江、钱塘江、飞云江、椒江、闽江、赛江，被称为“六江之源”。溪流与山脉走向相对平行。仙霞岭山脉是瓯江水系与钱塘江水系的分水岭，洞宫山山脉是瓯江水系与闽江、飞云江和赛江的分水岭，括苍山山脉是瓯江水系与椒江水系的分水岭。两岸地形陡峻，江、溪源短流急，河床割切较深，水位受雨水影响暴涨暴落，属山溪性河流。瓯江发源于庆元县、龙泉市交界的洞宫山锅帽尖西北麓，自西向东蜿蜒过境，干流长 388 千米，境内长 316 千米，流域面积 1947.82 万亩，占全市总面积 78%，是全市第一大江。位于瓯江上游的紧水滩电站水库，也称仙宫湖。位于瓯江中游的开潭电站水库——南明湖，面积 8400 亩，相当于杭州西湖的水域面积。

（二）青田县地理气候

青田县地处浙江省东南部，瓯江中下游，位于丽水东南部。全县总面积 373.95 万亩，素有“九山半水半分田”的说法 。青田历史悠久，有“石雕之乡、华侨之乡、名人之乡”的美誉。

1. 气候特征

青田县属亚热带季风气候区，四季分明。境内 100 m 以下的河谷低丘地区，年平均气温 18 摄氏度；200 ~ 300 m 的丘陵地区，年平均气温 17 摄氏度；400 ~ 600 m 的丘陵低山区年平均气温 15 ~ 16 摄氏度；800 m 以上的山区，年平均气温 14 摄氏度以下。海拔每升高 100 m，年平均气温降低 0.59 摄氏度。年平均无霜期 279 天。

2. 河流水系

青田县境内河流属瓯江水系。主要河流有大溪、小溪等。其中，大溪在青田县境内长 56.4 千米，小溪在青田县境内主流长 47.3 千米。

（三）青田县地理气候与稻鱼共生系统的关系

夏季高温多雨，冬季温和少雨的亚热带季风气候使得青田县适合水稻和田鱼的生长。灌溉水资源丰富，青田县有 107 条河道，有大型、中型、小型水库共计 46 座，为稻鱼共生系统提供了丰富的水源。青田县群山环抱，溪水穿村，耕地面积少，水塘多，如龙现村仅有梯田 400 多亩，水塘却有 140 多个。耕地面积少使稻田产量有限，激发了青田劳动人民的智慧，他们开发出多维的农业生产空间——“水下养鱼，水上产稻”。得天独厚的稻田养鱼优势，使青田县在 2015—2020 年，五年间稻田面积增加了 8400 亩。

（四）青田县民族文化与稻鱼共生系统

青田县主要以畲族、苗族、土家族、布依族、侗族、蒙古族等少数民族为主。目前，青田县稻田养鱼已被列入首批“全球重要农业文化遗产”，中国田鱼村——青田县方山乡龙现村是县内最具代表性的景区（点）和民族村寨之一（图 5-2）。

图 5-2　中国田鱼村——龙现村（刘献勇 / 摄）

青田县为山地丘陵地貌，山多地少，素有“九山半水半分田”之称。域内更是“耕田无牛蝇，四季无蚊子”，极优的生态环境为稻鱼共生系统的发展提供了基础条件。青田县的先民们创造性地利用立体空间，在水稻田中养鱼。稻谷在水面上生长，鱼在水下生长，两者互不干扰。这一生产模式不仅为农民增加了稻谷的产量，还提供了优质的水产品，这是千百年来人与自然协同发展的智慧结晶（图 5-3）。

图 5-3　青田县龙现村田鱼石雕（刘献勇 / 摄）

第二节　青田稻鱼共生系统

（一）青田县稻鱼共生系统生态学原理

稻鱼共生系统，也就是我们常说的稻田养鱼，是一种典型的生态农业生产方式（图 5-4）。在这系统中，水稻为鱼类提供庇护和有机食物的来源，田鱼则发挥耕田除草、松土增肥、吞食害虫等作用，这种生态循环大大减少了系统对外部化学物质的依赖，提高了系统的生物多样性。

图 5-4　中国青田县稻鱼共生系统（汤洪文 / 摄）

作为一种典型的农田生态系统，水稻、杂草构成了系统的生产者，鱼类、昆虫等构成了系统的消费者，细菌和真菌是分解者。稻鱼共生系统通过“鱼食昆虫杂草—鱼粪肥田”的方式，使系统自身维持正常循环，一般不需使用化肥农药，保证了农田的生态平衡。

另外，稻鱼共生可以增强土壤肥力，减少化肥使用量，并实现系统内部废弃物“资源化”，起到保肥和增肥的作用。有分析表明，稻鱼共生系统内磷酸盐含量是单一种植系统的 1.2 倍，而氨的含量则是单一种植系统的 1.3 ~ 6.1 倍。在这个系统中，鱼类还可松土，提高土壤通气性，改善土壤环境。

（二）选育的水稻

从水稻品种来看，青田县现有华浙优 261（勿忘农）和玉针香（渔米情）、嘉丰优 2 号、润香 10 号、华浙优 1 号、甬优 17 号、泰两优 217 等多个水稻品种。当地选择生长期为 170 天的水稻品种，使稻鱼共生时间达到 110 ~ 130 天，有利于鱼的生长，并根据各自生长特点，选择适宜的共生阶段，确保了稻、鱼双丰收。

在浙江青田的稻鱼共生系统中，以稻护鱼、以鱼养稻，水稻为鱼提供优质的生活环境和食物，鱼为水稻提供天然肥料。两个不同的物种通过原始协作、自我完善和平衡，形成科学的生态系统，成就了安全绿色、口感香糯的青田稻鱼米。在“中国 · 黑龙江第三届国际大米节”的品评品鉴活动中，产自青田县的两款籼米产品华浙优 261 和玉针香包揽了籼米组的第一名和第二名，成为了名副其实的“冠军米”。

华浙优 261 为籼型三系杂交水稻品种（图 5–5，图 5–6）。在长江上游

图 5–5　华浙优 261 号籼型三系杂交水稻（高志民 / 摄）

图 5–6　华浙优 261 号籼型三系杂交水稻大米（李偲 / 摄）

作一季中稻种植，全生育期148.90天，比F优498早熟4.4天。平均株高113.3厘米，穗长22.1厘米，每亩有效穗数17.6万穗，每穗总粒数196.00粒，结实率86.00%，千粒重23.40 g。抗性：稻瘟病综合指数两年分别为3.9、3.0，穗颈瘟损失率最高级7级，褐飞虱9级，感稻瘟病，高感褐飞虱，抽穗期耐热性强，耐冷性中等。米质主要指标：整精米率58.9%，垩白度0.3%，直链淀粉含量16.2%，胶稠度69毫米，碱消值6.9级，长宽比3∶4，达到农业行业《食用稻品种品质》标准一级。

2018年参加长江上游中籼迟熟组联合体区域试验，平均亩产685.46千克，比F优498增产7.26%；2019年续试，平均亩产654.75千克，比F优498增产6.79%；两年区域试验平均亩产670.10千克，比F优498增产7.02%；2019年生产试验，平均亩产639.90千克，比F优498增产3.00%。

玉针香水稻属常规中熟晚籼水稻（图5-7，图5-8），作双季晚稻栽培，全生育期114天左右。株高119厘米左右，株型适中。叶鞘、稃尖无色，落色好。试验结果：每亩有效穗28.1万穗，每穗总粒数115.8粒，结实率81.1%，千粒重28.0 g。抗性：稻瘟病抗性综合指数8.2，白叶枯病抗性7级，感白叶枯病；抗寒能力较强。米质：糙米率80.0%，精米率65.7%，整精米率55.8%，粒长8.8毫米，长宽比4∶9，垩白粒率3%，垩白度0.4%，透明度1级，直链淀粉含量16%。

图5-7 玉针香中熟晚籼水稻

图5-8 玉针香中熟晚籼水稻大米

借助“全球重要农业文化遗产”这一国际性声誉，通过标准化种植、品牌打造、优化包装，青田稻鱼米成了2018年世界地理信息大会的指定餐饮大米，并成为大会合作推广品牌。同时，在全市率先与知名电商平台“联姻”，成功入驻其连锁生鲜超市，跻身中高端大米市场。

（三）青田田鱼

1. 青田田鱼历史探析

青田田鱼的正式名称为瓯江彩鲤，拉丁学名为 *Cypriniuscarpio* var. *color*，是在青田稻鱼生态系统自繁自育的鲤鱼。清光绪年间的《青田县志》中有“田鱼，有红、黑、驳数色，土人于稻田及圩池养之”的记载。这是有关青田田鱼养殖的最早文字记载。鱼在稻田里自然生长，并经过长期的驯化、演变形成了天然的稻鱼共生系统，孕育了青田特有的田鱼地方品种——青田田鱼（图5-9）。

图5-9　国家地理标志农产品——青田田鱼

青田田鱼，体短身厚，体色鲜艳，有红、黄、白、粉、黑或其混色。青田田鱼肌肉紧实，肉质鲜美，鳞片可食。鱼肉含锌量不低于0.009%，粗蛋白不低于17%，粗脂肪不高于7%，水分不低于75%，鲜味氨基酸含量不低于5%。

长期以来，瓯江彩鲤“沉睡”于瓯江流域，农户自繁自养，缺乏有目的的选育与开发。

2000年，龙泉省级瓯江彩鲤良种场以五种基本体色为基础，建立了瓯江彩鲤的选育奠基群体。自那时起，对五种基本体色的鱼进行了以体色和生长性能为目标的选育，至2010年已基本形成了具有不同表型体色、不同生长特性，并可用于配组生产的五个专门化选育品系，达到了瓯江彩鲤的选育目标。

龙泉省级瓯江彩鲤良种场在选育过程中进行提纯和选育，分别选育出具有较高遗传纯度和生长速度的五个选育品系。这五个品系不仅可直接作为水产品养殖，还可作为观赏性鱼类进行开发和利用。此外，利用不同体色选育品系的配套，生产出体色可控的子代，为下一步的配套系育种提供了十分良好的基础。

在瓯江彩鲤的选育过程中，实行边育种、边应用、边推广、边产生效益的模式，每年将阶段性选育品系进行推广应用，特别是在选育地龙泉市，每年推广应用瓯江彩鲤夏花 200 万尾、鱼种 10000 千克以上。此外瓯江彩鲤还推广至省内的温州、台州、湖州等地，省外的福建、贵州等地，共计推广稻田面积 87 万余亩。

目前，上海海洋大学的王成辉等人先后选育出“红—白”彩鲤、“红—白—黑”三色彩鲤和五个专门化品系，探索出“大花”“麻花”“粉玉”“粉花”“全红”的育成方法，在国内开创了鱼类配套系育种理论研究的先河。（图 5-10）。

图 5-10 “大花”“麻花”“粉玉”“粉花”“全红”彩鲤图

2020 年 12 月 25 日，中华人民共和国农业农村部正式批准对“青田田鱼”实施农产品地理标志登记保护（图 5-11）。

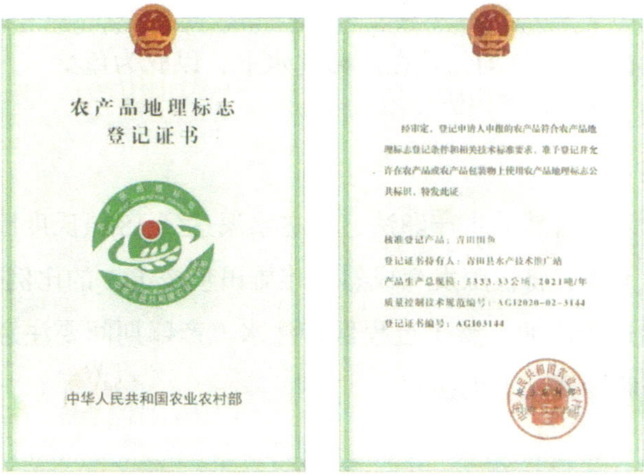

图 5-11　青田田鱼地理标志证书

2. 青田田鱼人工繁殖技术

（1）主要设施

育苗水泥池共 6 口，面积 4 米 × 6 米，蓄水深 1.5 米。水源采用溪水，经土池蓄水沉淀调节后再使用，并配备增氧设施。土池共有 6 口，为正方形或长方形，面积 7.95 亩，土池边埂用石头砌成，底为土质，蓄水深约 1.5 米。

（2）亲鱼的选择和培育

① 亲鱼的选择

亲鱼选择来自青田本地的鱼，分全红和麻花 2 种体色。亲鱼要求品质特征明显，体健无病害，全身光洁。亲鱼的鱼龄为 3 龄，全红 2 组，麻花 2 组，雌雄比为 1∶1。

② 亲鱼的强化培育

选得亲鱼后，将雌鱼雄鱼分池培育，保持微流水，并投喂鲤鱼浮性饵料和蚕蛹，总摄食量为 1%～2%，投饲坚持在 13 时左右，定点投喂。在 3 月初开始停止流水，每 7 天 1 次微充气，每次 24 小时。池水溶解氧为 4～5 毫克 / 升，pH 值在 6.3～6.8。

（3）配对和鱼巢准备

为提高田鱼子代的优良品质比率，可将田鱼按其体色分类配对，雌雄比例为 1∶1。由于田鱼卵为粘性、沉性卵，产卵池采用传统方法，即用石松草捆成串（石松串），均匀挂在产卵池水下，以此为鱼巢。

（4）产卵与孵化

① 产卵

田鱼产卵采取自然冲水产卵法，即在水温达到 18 摄氏度以上，时间为雨后初晴之日下午，将性腺发育成熟的雌雄田鱼按 1∶1 的比例投入产卵池。当晚田鱼开始追逐产卵，整个过程保持注水。产卵期间要注意观察，若石松串上附满鱼卵则要马上更换。

② 孵化

将附满鱼卵的石松串集中到孵化池里进行集体孵化，保持 18 摄氏度以上水温与微流水，并用 0.2 克 / 立方米的亚甲基蓝溶液消毒，以防止水霉。每年 4 月 10 日开始孵化，4 月 13 日至 14 日逐池出膜，积温为 124 摄氏度。

（5）鱼苗培育

① 池塘准备

在亲鱼产卵前 7 天，即 3 月 27 日至 28 日对池塘进行清塘，每亩施放牛粪 100 千克，然后用生石灰 100 千克进行消毒，7 天后加水至深度 50 厘米。再经过 10 天，池塘内轮虫类、枝角类生物的数量达到高峰，正好可以满足鱼苗开口时的饵料需要。

② 鱼苗的培育管理

在鱼苗出膜的前 1 天将附有鱼卵的石松串直接放入池塘内，让其自然孵出，3 天后鱼苗开始平游摄食。这时以池塘培育的轮虫类与枝角类为主要饵料，补充投喂豆浆或猪血为辅饵料，25 天后过渡到投喂豆饼粉，一直到鱼苗长到 4 ~ 5 厘米。鱼苗此时进入优选和分养阶段。

（6）夏花分离优选

鱼苗长到 4 ~ 5 厘米，这时田鱼的体色已充分显现，5 月底可开始逐池进行起捕，并同时进行筛选。筛选标准为：田鱼品种体色纯、体色与母系相同或较母系鲜艳、观赏价值高、体形好、生长快、健壮。

（7）鱼种的培育及优选

① 鱼种的培育

将优选鱼苗按 6200 ~ 6600 尾 / 亩的密度分别返养到原土池，每天投喂 1 次豆渣和配合饲料，按每万尾 10 ~ 15 千克投放饲料。投饲坚持“四定”原则（定时、定位、定量、定质），并随着鱼体长大而逐步增加投放量。平时做好巡塘与水质管理，以及防逃、防旱涝、防病害等工作。

② 鱼种优选

经过 6 个月的培育，田鱼鱼种规格已长到 50 克 / 尾以上，这时田鱼的所有生物学特征已充分显现，11 月底开始进行逐池起捕，同时进行筛选。优选田鱼标准为：生长快、健壮、体形好、抗逆性强、观赏价值高、体色纯、体色与母系相同或较母系鲜艳。

第三节　青田稻鱼共生系统种养技术

（一）青田稻鱼共生系统技术措施

1. 稻田的选择与改造

（1）稻田选择

应选择土质较肥沃，保水力强，pH 值中性或微碱的壤土、粘土；光照条件好、水源充足、水质清澈无污染、排灌方便、大水不淹、久旱不涸、集中连片的田块。

（2）养鱼稻田的结构

沟坑式的结构由鱼沟（分主沟和次沟）和鱼坑组成。田埂边和进排水口连线上的鱼沟作为主沟，其它为次沟。主沟的宽和深分别为 1 米和 0.8 米，次沟的宽和深分别为 0.8 米和 0.6 米。鱼坑的位置一般选在进水口边或田中央，直接与主沟相连。鱼坑的深度为 1 米，面积 10 平方米以上。沟坑面积一般要求占稻田面积的 10%。也可不开沟坑进行平板式稻田养殖，最好加高田埂，蓄水深达 20 ~ 30 厘米。

（3）稻种选择

选用耐肥、茎秆坚硬、抗倒伏、抗病虫的丰产良种，如汕优 63。

（4）防逃

养田鱼的稻田四周田埂要加高至 40 ~ 50 厘米，宽 30 ~ 40 厘米，并夯实。在进排水口处应安装拦鱼栅。拦鱼栅的材料可选择聚乙烯网片或铁丝网，网目大小以鱼种不能逃逸为前提。

（5）鱼沟鱼坑

根据稻田的大小与形状，开挖“十”字形或“丰”字形的鱼沟。沟宽 1 米左右，深度为 40 ~ 60 厘米。鱼坑最宜开在进水口附近或稻田中央，深 60 ~ 90 厘米，面积 5 ~ 10 平方米。

（二）稻田的消毒、鱼苗放养

1. 稻田的消毒

在冬季开挖鱼沟、鱼坑时，要对稻田进行清田消毒，以清除田中的土杂鱼及敌害生物。每亩要用 30 千克的生石灰或 7.5 千克漂白粉撒施消毒，撒石灰或漂白粉时田中应无积水，撒施后一星期再灌水。来年在秧苗栽植后、投放鱼苗前可再用此方法在田间进行一次消毒。

2. 鱼苗的放养

（1）鱼苗入塘前，清塘、除杂、培水、安全试水工作要做足。下苗前最好先试水，确保水体中清塘药物毒性消失，鱼苗能够适应新环境之后才可放苗。

（2）投苗时注意水体的溶氧状况，及时开启增氧设备。投苗时注意近三天的天气预报，放养时的气候条件不恰当，容易造成鱼苗死亡，或导致鱼苗日后生长速度慢。一般放养鱼种，都应选择在晴天的上午 9 时—10 时进行。密切关注天气预报，选晴天而不能选阴雨天、雷雨天，否则容易造成鱼苗应激死亡。

（3）预防温差应激，在下苗的时候，为了避免鱼苗产生过大的应激反应，要求苗袋内的水温与池水之间的温差不超过 2 摄氏度。可以将苗袋放入水池内，半小时后再放苗。

（4）下苗时，需要在上风开阔处放苗，避免鱼苗被风吹到岸边或因下苗地点不开阔，鱼群一下不能散开，拥挤而导致缺氧。

（5）由于运输过程中鱼苗的损伤以及运输后鱼的体质较弱，机体的抗应激能力下降，容易感染病原微生物。因此，有必要做消毒和抗应激处理，以提高鱼苗的成活率。放苗前 1 ~ 2 小时洒姜 200 克 / 亩，放苗当天使用聚维酮碘（250 毫升 / 亩）+ 水霉净（20 克 / 亩，主要成分为水杨酸），最好连续使用 2 天，预防水霉。最重要的是预防鳃霉，因为鱼在运输过程中会产生排泄物，排泄物有粘到鳃部的可能。如果开春和过冬苗不加以预防，很容易感染鳃霉。

（6）注意防范鱼苗天敌（水中虫害、蛇鼠飞鸟等）。鱼苗放入池的前几天需要拉网，确认养殖水体的敌害生物已经被完全清除，才能够放苗，敌害生物（比如水蜈蚣，青蛙等）对刚下池的鱼苗危害很大。下苗时，池塘周围需要架设围网或者石棉瓦做成的围墙（含飞檐结构），避免敌害生物的进入。

（7）下苗时，最好同批次、同规格的放一个池，避免鱼苗大小规格有差异，对个体的摄食和生长造成不利影响。

（8）下池当天一般不喂料，让鱼适应养殖池的环境，第二天才开始喂料。

（9）投苗后 30 天内，饲料投放量要少，但次数要多，并且尽量沿全塘边缘均匀投喂，保证鱼苗摄食均匀，饲料足够；同时注意做好水质微调及病虫害预防。一般情况下，投苗 20 天左右，鱼苗成活率就已经稳定。

3. 放养密度

单养成鱼放养密度为每亩 400 ~ 450 尾；成鱼套养鱼种的放养密度为冬片 200 尾 / 亩，套养夏花 2000 尾 / 亩；稻田单养鱼种，每亩放养夏花为

4000～6000尾。

（三）田间管理

1. 稻田施肥

施足基肥，减少追肥。以基肥为主，追肥为辅；以有机肥为主，化肥为辅。一般基肥占全年施肥量的70%，追肥占30%。注意适当多施磷钾肥，并严格控制每次的施用量，施肥前最好把鱼赶往鱼坑内。水深在6厘米以上，水温28摄氏度以下，几种常用化肥的安全用量如下：每亩单种化肥一次性施肥量：硫铵10～20千克，尿素6～8千克，硝酸钾4～6千克，过磷酸钙5～10千克。

2. 水质管理

在稻田浅水插秧后的25～30天内田间不灌深水，保持水深3～4厘米，早稻鱼种小，适当浅灌，防止深水淹苗死蘖，同时有利于水温的回升。当分蘖数达到预定指标后，可适当提高水位控制无效分蘖。在高温季节，要经常灌水，防止水位过浅，使用化学农药防治病虫害时，灌深水可降低农药在水中的有效浓度，减轻对鱼苗的毒害。

3. 稻田施药

为获得无公害的稻谷和田鱼，尽量不用药。利用青田田鱼吃虫的特性，人工辅助用竹竿赶虫。选用对鱼类低毒的农药如杀虫双、井岗霉素、多菌灵等。施药时采用喷雾的方法进行，细喷雾或弥雾，减少雾滴淋落到田水中。喷药时将田水灌至6厘米以上，减少药物对鱼的毒害；或放浅田水，让鱼集中在鱼坑鱼沟后再喷药。施药时间，粉剂在早上露水未干前施，雾剂则在下午4时后施。

4. 病害防治

冬片鱼种一般鱼病较少，以防为主，治为辅。放鱼种时用3%～5%的食盐水消毒。春季水温在 16 ~ 18 摄氏度时要注意水霉病的发生，定期用生石灰、漂白粉水泼洒消毒。对于山区梯田来说，一般水渠上下丘相连，应特别注意鱼病的传染。在鱼坑鱼沟里定期用石灰水泼洒，防治鱼病。

5. 补充饵料

在传统的青田稻鱼共生系统中，主要采用人放天养的方式，从 4 月青田田鱼鱼苗放入稻田中开始，一直到 10 月收获，全程不喂人工饲料。

若要提高产量，投饲是高产的保证。投饲率为青田田鱼体重的 3% ~ 5%，以 2 小时左右吃完为好。养鱼稻田以浮萍作补充饵料，结合投喂饲料。农家饲料有：小麦、谷子、麸皮等。稻谷，大麦、小麦碾碎投喂，以利提高利用率。

6. 防治天敌

青田田鱼的天敌较多，有水蛇、田鼠、翠鸟等，因此要采取防治措施。譬如在鱼坑上方搭棚遮阳，保护鱼类免遭天敌危害。

图 5-12　防鸟彩带（周强 / 摄）

图 5-13　稻田安置防鸟彩带（梁家辉 / 摄）

对于空中的天敌，可以用防鸟彩带（图 5-12）。防鸟彩带是一种以聚酯薄膜为基材的反光带。防鸟彩带的一面为银白色，另一面为彩色。该防鸟彩带的使用方法简单，只需要在稻田上空周围安置便可，不伤害鸟类（图 5-13）。同时节省人力，防鸟害效果极佳。因此，防鸟彩带为农业防鸟害提供了一种新的防范措施。防鸟彩带是一种安全无毒的驱鸟材料，通过反射光线来驱赶鸟类。在有风的情况下，彩带发出的金属般的响声也有助于驱赶鸟类远离这一区域，同时对陆地上的老鼠等小动物也有一定的驱赶效果。

（四）成鱼起捕

1. 捕捞

采取捕大留小、分批上市的方法起捕。起捕前先放水，慢慢地把鱼集中到鱼沟与鱼坑中，再进行捕捞。

2. 包装

鲜鱼包装要防止挤压，保持体形完整、体色鲜艳。包装容器要求坚固、洁净、无毒、无异味，符合国家对食品包装材料及食品包装容器卫生的各类标准规范及要求。

3. 运输

活鱼产品可采取开放性容器增氧或封闭性充氧运输，运输时间尽量短，高温期或长途运输最好用保温车为运输工具。鱼产品不应与有毒、有异味的物品混置运输。

第四节　青田稻鱼文化

青田的稻鱼文化，渗透到青田人生活的方方面面。青田各地的庙宇、祠堂中，可以见到田鱼的图案，龙现村有一个始建于唐朝的“悟性禅林”，其主殿上的压檐瓦就是田鱼图样，在方山乡邵山村的庙宇山门上也有类似图案。

（一）田鱼的由来

在唐朝前后，部分江浙一带的人迁移到青田县生活。这里没有大江大河让他们捕鱼，原有的“饭稻羹鱼”的生活方式难以为继。据《青田县志》记载，旧青田“九山半水半分田”，境内以丘陵低山为主，虽地处瓯江水系，水资源丰富，但“浙动溪水峻急，多滩石，鱼随水触石皆死，故有溪无鱼”。在山区种植水稻，可以利用山间的流水和自然降雨，但是可食用鱼仅限于溪水涧里的少量鱼品种，山区又难以普遍开挖池塘养鱼，因此无法满足需要。在对优质食用鱼追求的驱动下，部分青田人锐意创新，将鱼放到稻田里养殖。经过反复试养和驯化，终于从鲤鱼中选择出一种适宜稻田饲养的“田鱼”来。这一耕作方式，一传十、十传百，开始在青田各个乡村推广开来。“有塘就有水，有水则有鱼，田鱼当家禽”的天然优势，使得青田田鱼养殖越来越火热，现在已打造出青田田鱼品牌，不仅在国内市场火热，还被华侨带往海外。

（二）“鱼灯舞”

青田县被国家文化和旅游部命名为“中国民间艺术之乡”，在绚丽多姿的青田民间艺术宝库中，“鱼灯舞”是最传统、最能代表地方特色的灯舞种类，也是浙江省鱼灯类具有代表性的传统民间舞蹈。据传说，鱼灯的形成与发展和明代开国功臣刘基紧密相关。元朝末年，群雄竞起，青田县南田人刘基暗地招募义兵，以“鱼灯舞”的形式操习兵阵。经过刘基的整理和发展，增加了灯的数量，丰富了鱼灯的类型，同时把军事上的阵图大量渗透到鱼灯舞中，遂在历史的演变中形成具有独特风格的民间舞蹈。至今，每逢喜庆节令，特别是每年正月十五，青田城乡各地都会跳鱼灯舞（图5-14），此时锣鼓喧天、灯火辉煌、鱼腾人跃、欢声雷动，表达人们对美好生活的追求和向往。

5-14　鱼灯舞（王子墨 / 摄）

青田鱼灯的设计，以青田田鱼和瓯江鱼类为原型，制作 13 盏鱼灯，有打击乐器和唢呐伴奏（图 5-15）。表演青田鱼灯舞时，追求“操灯要活，起伏要大，跳跃要高，速度要快”，曲调悠扬悦耳，道具制作精美，舞蹈热烈奔放。改革开放以来，在文化主管部门的大力扶持下，青田鱼灯舞曾参加中华人民共和国成立 50 周年大会、北京 2008 奥运城市广场文化活动、上海“世博会”“浙江周”等多次国内国际文化艺术展演，赢得了“天下第一鱼灯”的美称。青田鱼灯舞，于 2008 年被国务院列入第二批非物质文化遗产名录。2009 年，青田鱼灯舞登上央视舞台，进一步提升了在全国的知名度。

图 5-15　青田鱼灯（孟德才 / 摄）

图 5-16　意大利青年在米兰世博会期间表演青田鱼灯舞

青田鱼灯还在我国对外文化交流中发挥了积极作用。青田县已成功组建了一支全部由西班牙巴塞罗那华侨组成的“欧洲青田鱼灯队”，参加了“中西建交 30 周年暨青田民间艺术大展演”；2009 年，青田县还邀请意大利伟松武术馆的 11 位意大利学员，专程来青田学习鱼灯表演技艺；青田县筹备参加了 2010 年中意建交 40 周年庆典活动和 2011 年远东国际电影节，并参加了 2014 年“中意文化年”活动亮相罗马、威尼斯等城市的表演舞台；2015 年应邀参加了米兰世博会中国国家馆日活动，将“青田鱼灯文化”带到意大利及其他欧洲国家（图 5-16）。这些交流活动，促进了“青田鱼灯文化”在欧洲的传播。

（三）青田石雕与田鱼美食

青田石雕闻名世界，以青田县所产之青田石（图 5-17）为主要原料，以独特的青田雕工精雕而成，是全国首个获得“中国驰名商标”的石雕类艺术品，也是首批入选“国家非物质文化遗产名录”的石雕类艺术品。

图 5-17　青田石（陈墨 / 摄）

青田石雕在浙江有悠久的历史，其起源可追溯至崧泽文化时期（属新石器时期）。青田石雕艺术基调守实，精妙而大气，以立体镂雕为主要技法，原材料非常珍稀、工艺绝活超凡脱俗、作品雕刻难度很大，使其“石冠中华”，堪称一流。青田石雕已成为“浙江三雕”乃至中国石雕文化的典型代表。知名石雕艺人张仕宽擅长雕刻葡萄，他创作的作品“葡萄山”，布局新颖，雕工精细，让人为之叹服，在国内外享有很高的声誉。

2002年，青田县成立青田石雕研究中心，定期出版《青田石雕》杂志，开通全国首家青田石文化的门户网站——中国青田石网，出版《青田石雕志》《浙江非物质文化丛书——青田石雕》等60多部石雕理论专著。2006年，青田石雕荣登中国第一批“非物质文化遗产保护名录”，获得“十大地理标志区域品牌”殊荣，被正式列入浙江省“四个一批”重点文化产业。2008年，青田石雕被授予浙江省著名商标，被列入浙江省首批非物质文化传承基地传承保护项目。2009年开始，以“青田石雕博物馆”为中心，结合“中国石雕城与青田石文化主题公园”等石文化产业基地，成功创建了国家AAAA级“青田石文化旅游区”。由此，青田成为了名满天下的“中国民间艺术之乡”“中国石雕之乡”“中国石文化之都”。

青田田鱼是青田石雕艺术的一个重要题材。在青田众多的石雕题材中，有“田鱼戏水”“稻鱼丰收”“嬉鱼”等。田鱼还深深地融入青田人的饮食文化中。田鱼的烹饪方法有红烧、糖醋、清炖等数十种，“田鱼干炒粉干”成为青田的地方名菜。青田农户有用木炭熏晒田鱼干的传统，这种传统保存至今。清初青田商人出国谋生，带着青田石雕和田鱼干，逢年过节往往会以田鱼干作为礼品送给亲戚朋友（图5–18）。

图5–18　田鱼干（李中文等/摄）

正是有了“全球重要农业文化遗产”这张“金名片”，青田县每年都会举办田鱼宴（图5–19）。田鱼宴将青田地域文化与饮食文化进行融合，其中红烧田鱼、绿水特色野菜、蹄膀肉被称为“农遗”三道菜，讲述着关于稻鱼、土地、故乡的故事。游客们融入青田文化中，细细品尝青田田鱼的味道。

图 5-19　田鱼宴（李倩等 / 摄）

由于青田养殖田鱼历史悠久，现在青田田鱼已“游”出了国门，田鱼畅销西班牙、意大利、法国、巴西、比利时等 20 多个国家和地区。青田田鱼运到国外，成为中餐馆的优质食材。现在，一些外国人了解到青田田鱼是以田间昆虫、杂草为食，通过“稻鱼共生”长成的情况后，田鱼价格大涨，在西班牙马德里，0.5 千克左右的田鱼每条售价约 40 欧元。也有很多人把田鱼买回家饲养，成为观赏鱼。因此，青田田鱼越来越受到国外市场的青睐。

（四）“稻鱼之恋”侨乡音乐文化节

每逢春暖花开的时节，浙江青田“稻鱼之恋”侨乡音乐文化节便会如期而至，来自杭州、绍兴、丽水等地的游客，亲手插秧、抓鱼，认领私人农场。“稻鱼之恋”侨乡音乐文化节是青田立足本地特色，践行“绿水青山就是金山银山”理念的又一创新尝试，为青田千年古老农耕文明传统文化谱写了农旅结合新篇章（图 5-20）。

图 5-20　“稻鱼之恋”侨乡音乐文化节（孔雁婷等 / 摄）

与一般的节庆活动不同，“稻鱼之恋”侨乡音乐文化节重点围绕青田县“全

图 5-21　文化节现场（吴洋等 / 摄）

球农业保护遗产”——“稻田养鱼”这一特色主题展开（图 5-21）。所以活动主办方会专门在青田县稻田养鱼面积最大的仁庄镇组织开展插秧比赛、抓田鱼比赛，还举办“稻鱼之恋”音乐会，这既是对“稻田养鱼”这张金名片的宣传，又满足了都市人亲近自然、体验农耕文明传统文化的需求，一举多得。

私人认领稻田养鱼小农场是“稻鱼之恋”侨乡音乐文化节最大的一个亮点（图 5-22），来自各地的游客可通过这种方式成为“荣誉村民”。这些游客有高校老师、企业高管、中小企业主，他们平常身居闹市，生活节奏快、工作压力大、陪孩子的时间少。在现场，这些家庭亲手插上写有自己名字的小农场标志牌，非常开心地认领了一块属于自己的小农场。在春暖花开的时节，他们和孩子、家人一起亲手插秧种稻，亲自劳作，播散下自己的梦想，共同期待秋天硕果累累的收获美景，特别有成就感。不少游客表示，带着孩子来参加这个活动非常有意义，一方面可以让孩子了解“稻田养鱼”这一文化遗产，同时又可以在劳作中体会农民的辛苦，懂得只有付出才有收获，领会稻鱼和谐相处的真谛，充分享受田园牧歌式乡村生活的魅力和身居青山绿水的快乐和满足，而认领的小农场和获得“荣誉村民”称号，又让自己对这片土地有了一份特殊的感情和归属感。

图 5-22　认领稻鱼小农场（吴洋等 / 摄）

第六章

从江“全球重要农业文化遗产”——稻鱼鸭复合系统

从江侗乡稻鱼鸭复合系统是千百年来人与自然协同发展的智慧结晶，是人与自然和谐相处、天人合一的典型范例。在稻鱼鸭复合系统中，稻、鱼、鸭为人类提供食物，水稻为鱼、鸭提供觅食场所，鱼粪、鸭粪可肥田，鱼、鸭觅食触碰水稻根系促进水稻分蘖，鱼、鸭捕食害虫有效减少水稻病虫害，人、稻、鱼、鸭与生态环境相互依存、相互受益。稻鱼鸭复合系统不仅是一类生态功能全面、富含丰富生物多样性的生态系统，还创造了“饭稻羹鱼”的农业生产模式，同时衍生了绚丽多姿的少数民族文化。有“天籁之音”之称的小黄侗族大歌，吃相思、行歌坐月等，都由此而衍生。

凭借生态系统的完整性、丰富的生物多样性、民族文化的多样性以及农业文化遗产的原真性，从江侗乡稻鱼鸭复合系统于 2011 年 6 月被联合国粮农组织列为“全球重要农业文化遗产”。2013 年 5 月，从江稻鱼鸭复合系统被原农业部列为“中国重要农业文化遗产”（图 6–1）。

图 6–1 “中国重要农业文化遗产”铭牌

第一节　从江地理气候与稻鱼鸭复合系统

（一）黔东南州的地理气候

从江县属贵州省黔东南州。黔东南州地处云贵高原向湘桂丘陵盆地过度地带，总体地势西、南、北面高而东部低。东邻湖南，南接广西，与本省黔南、铜仁、遵义毗邻。全境东西宽 220 千米，南北长 240 千米，总面积 4542.39 万亩。最高点雷公山主峰海拔 2178 米，最低点黎平县地坪乡海拔 137 米。属亚热带湿润季风气候，冬无严寒，夏无酷暑，四季分明，雨水充沛，立体气候明显。年平均气温 14.7～18.5 摄氏度，年降水量 1032.5～1456.8 毫米，年日照时数 1068.5～1269.6 小时，年平均相对湿度 78%～84%，年无霜期 277～332 天。

（二）从江县的地理气候

从江县位于贵州省东南部，与广西壮族自治区接壤，东接三江，南邻融水与环江，西连荔波与榕江，北靠黎平，居都柳江中游。

1. 气候特征

从江县属中亚热带湿润季风气候区的南缘，其气候特点是：四季分明、夏无酷暑、冬无严寒。最热月平均气温为 27.4 摄氏度，最冷月平均气温 7.7 摄氏度，历年极端最高气温 39.2 摄氏度，极端最低气温 –4.4 摄氏度。年平均降水量 1185.9 毫米，年平均无霜期 328 天，年平均日照时数 1304.9 小时，年平均蒸发量 1185 毫米，年平均雷暴日数 52 天。

2. 地形地貌

从江县属云贵高原东南边缘低山丘陵地区，其地貌特点总趋势为：西南高，北面次高，中部低，东部更低的复势倾斜。按其成因可分为：东北面属雪峰山系西南尾低山丘陵地带，西北面系苗岭山脉东南端低山丘陵地带，南与西南面属元宝山系九万大山分支中山地带，东部为都柳江中游低山丘陵地带。从江县最高峰为九万大山元头界峰，海拔 1670 米，最低为都柳江出境处，海拔 145 米，相对高差 1535 米。

3. 水文资源

从江县境属珠江流域、柳江水系，地处都柳江中段，由于受地势地貌影响，都柳江由北向南横贯全境，全县共有 87 条大小河流密布境内，流域面积约 20 平方千米，县内河段长为 66 千米。

（三）从江县民族文化与稻鱼鸭复合系统

从江县少数民族人口占全县总人口的 95%，主要以苗族、侗族、壮族、瑶族、水族等少数民族为主。从江县以其独特的生态环境、民俗文化、农产品等受到人们广泛的关注。目前，从江县已被列为：全球重要农业文化遗产保护地、中国民间文化艺术之乡、中国香猪之乡、中国优质椪柑之乡、全国双拥模范县、贵州省长寿之乡。从江县内最具代表性的景区（点）和民族村寨有：中国侗族大歌之乡——小黄侗寨，世界最后一个枪手部落——岜沙苗寨，中国历史文化名村——增冲侗寨，全国重点文物保护单位——增冲鼓楼（图 6-2），中国人口

图 6-2　增冲鼓楼

与生育文化第一村——占里侗寨，农耕文化博物馆、国家梯田公园——加榜梯田（图 6–3），以及被誉为“世界三大洗浴文化”之一——神奇独特的瑶族药浴，等等。

图 6-3　加榜梯田

“九山半水半分田”，这是对黔东南州的精准描述。在土地资源紧缺的情况下，黔东南州，特别是从江各族人民的先民们创造性地利用了同一块土地的多维空间，水上长稻，水面养鸭，水中养鱼。这一生产模式不仅为农民提供了必备主食——稻谷，还提供了富含蛋白质的优质食品——鱼肉和鸭肉，这便是千百年来人与自然协同发展的智慧结晶。

第二节　从江稻鱼鸭共生模式

贵州从江侗乡稻鱼鸭复合系统，是指在水稻田中以“种一季稻、放一批鱼、养一群鸭”为特色而形成的稻鱼鸭共生、鱼米鸭同收的复合生态农业系统。遗产地位于黔东南的从江县，现有稻田面积 17 万余亩，其中保灌面积 12 万亩。从江稻田养鱼、鸭历史悠久，距今已有 1400 多年。2011 年，从江的稻鱼鸭复合系统被联合国粮农组织列为“全球重要农业文化遗产”。

图 6-4　从江县侗乡复合水域环境

从江县“九山半水半分田”，梯田面积约占耕地面积的65%。侗族人民建构了与生态环境高度兼容的鱼塘、稻田、沟渠、河溪相连通的人工复合水域环境（图6-4），形成了稻鱼鸭复合系统。

稻鱼鸭复合系统是典型的人工生态系统，这种以鸭食虫、以鱼食草、用鸭鱼粪做肥料的稻鱼鸭复合系统，具有保护生物多样性、控制病虫害、调节气候、涵养水源等多种生态功能。

从江县现有传统水稻品种 45 种，其中从江香禾糯是经千百年来栽培选育，并传承至今的一种特色水稻，2018 年获地理标志产品（DB52T1303—2018）。当地的稻、鱼、鸭共生时间达到 112 ~ 137 天，既有利于鱼的生长，同时至少放养两批鸭，并根据各自生长特点，选择适宜的阶段共生，确保了稻、鱼、鸭三丰收。

第三节　从江稻鱼鸭复合系统的稻、鱼、鸭

（一）从江香禾糯

在层峦叠嶂的贵州省从江县山区，有那么一种禾，她屹立于雾气萦绕的山林之间，环绕在潺潺溪水之畔，吸天地之灵气，集日月之精华；有那么一种禾，环境越是阴冷，土地越是贫瘠，她越是亭亭玉立；有那么一种禾，她不单单是一种水稻，同时也是一种生产、生活方式，更是一种精神

图腾。她就是“从江香禾糯”，是从江地区水稻品种与自然环境在人类生产活动中协同进化的结晶，是从江县苗族、侗族人民赖以生存的水稻珍品。

香禾糯的历史延续数千年，有据可查的历史资料为清代的《黎平府志》（明、清的很长一段时期，从江县属黎平府管辖），载有：“香稻俗名籼禾，味极香美。”从江香禾糯是以苗族、侗族人民为代表的少数民族人民合理利用当地特殊的水土资源和气候环境栽培选育并传承至今的一类极具特色的水稻品系，具备迟熟、高秆、大叶、大穗、禾芒长、色彩多和不易脱粒等特点，适应冷、阴、烂、锈等贫瘠的稻田，休眠期长。用木蒸笼蒸熟的糯米饭软而粘、油脂多、不粘手、喷香可口、饱腹感强，是从江少数民族款待贵客的佳品，素有“一亩稻花十里香，一家蒸饭十家香”之美誉。

谈论从江香禾糯的特性，那就不得不提从江这块宝地。从江县地处云贵高原东南边缘苗岭山脉向广西丘陵山地过渡地带，县内山区丘陵占全县土地面积的98%。县境内最高海拔为1676米，最低海拔137米，相对高差1539米。不同海拔梯度，形成了不同的局部小气候，高海拔地区多雾、阴冷、热量低，低海拔地区温热、雨水充沛。多种多样的梯田生态系统，是选育不同品种香禾糯的绝佳生境，勤劳的从江少数民族群众在这块宝地上选育了品种多样的从江香禾糯。

据悉，从江香禾糯有143种，目前保种且确定名称的有87个品种，明禾、够滚老、苟药、60天云香糯、都堆、苟杨当、公谷、干元、干九芩、更洛、牛芒禾、从江秃芒禾、老禾、碑翁、大炮、狗牙公谷、阳暖禾、九月禾、苟百你、苟嫩、苟蒿芊、勒龙、来上、公谷吞、黑禾、苟今告、苟胆苗、勒苟、打暴、细香禾、旱禾、黄刚香云糯、苟汪杠等34个品种目前在从江县农业农村局得以保种。

从江香禾糯（图6-5）在从江苗族、侗族人民的心中不单单是一种禾，更是一种生产、生活方式。每天清晨，当天微微亮之时，当地农民架好蒸笼，生起柴火，再将已经浸泡了十多个小时的香禾糯米放入蒸笼之中。红日伴随着袅袅炊烟升起，糯米饭的香气越飘越远，渐渐笼罩了整个村庄。农民家庭的早餐是几片腌肉、一两条腌鱼、些许酸菜及辣椒，再加上一桶香喷喷的糯米饭，所有人都吃得津津有味。劳作总是最辛苦的，为了节约

图 6-5　从江香禾糯

时间，农民家庭通常都在田间地头解决午餐问题。摘一两片芭蕉叶，将糯米饭、腌鱼、烤肉、腌肉、酸菜放在上面，人们席地而坐，迎着烈日，午餐就这样开始了。当然，如果稻田中有鱼的话，也少不了烧鱼。待到太阳将要下山，老农带领着儿子、儿媳和小孩，扛上农具，徐徐返家。

传统的苗族、侗族村寨，以香禾糯米饭为主食。从江香禾糯蒸出来的米饭油脂丰富、喷香可口，最重要的是这样的米饭冷而不粘，冷食而不哽噎。劳动人民的生存智慧值得钦佩，在极端恶劣的自然环境中，他们总能因地制宜、化腐朽为神奇，从而造就了多彩多姿的原生态农耕文化（图 6-6，图 6-7）。

图 6-6　从江香禾糯丰收场景

图 6-7　从江香禾糯凉晒场景

在从江人民的心中，禾不仅是一个物种，更是他们的精神图腾。每逢佳节，从江香禾糯及其衍生产品是必备佳品，糯米饭、黄米饭、糯米酒都是招待贵客之佳品。同时，围绕禾，还诞生了多种多样的农耕节日。每年谷雨前后，侗族人民“开秧门”祭土地，寨老（村寨中的长老）领着全寨人，焚香祷告，预示此后各家可以插秧了；每到糯禾灌浆的农历七、八月，侗族“吃新节”，人们摘取打苞的禾穗掺在饭上蒸好，进餐时每人取一根，祈祷丰收。在侗族的风雨桥、鼓楼等民族建筑物上，也总能觅见禾的身影。在这里，禾，更像是一位母亲，一种文化，一种精神图腾。

（二）从江田鱼

1. 从江田鱼历史探析

“从江田鱼”专指在从江稻田生态系统自繁自育的稻田鲤鱼。由于世世代代生活于稻田浅水环境中，当地百姓习惯称之为“田鱼”。在高速路和高铁未开通之时，从江县的交通十分闭塞，从江到凯里需要坐十多个小时的班车。闭塞的交通条件限制了从江田鱼和外来鲤鱼品种的基因交流。从江田鱼于 2021 年 6 月，获得了农业农村部颁发的农产品地理标志登记证书（图 6–8）。

图 6–8　农产品地理标志——从江田鱼

从江田鱼历史悠久，具体年代难以考证。根据历史传说，当地各族人民的先民自东南沿海迁徙到从江这片土地之时，便形成了稻鱼共生的生产模式和“饭稻羹鱼”的生活习惯。

2. 从江田鱼古法孵化技艺

每年清明时节，从江当地村农民都会忙碌在田间地头。他们先建一个产卵池，引一汪清水流入池中，雄鱼雌鱼约按 3∶1 的比例配对，产卵池的底部铺上一层用石松（俗名：猴子草）捆成的草把。流水刺激一昼夜后的清晨，石松枝丫上沾满了一粒粒晶莹剔透的鱼卵。趁着清晨气温适宜，农民会将沾满鱼卵的石松转移到事先搭建好的鱼苗孵化架上。放鱼卵之前，在木质孵化架上面先铺一层野草，之后再放一层鱼卵，最后在鱼卵上再加一层草。

孵化架上放置两三块木板，用竹片引清水，清水滴落在木板上，散成一颗颗水滴，落在每一个鱼卵上，使每粒鱼卵都保持湿润的同时，又充分与空气接触。通过淋水孵化约两昼夜，待鱼卵出现两个黑点（眼点），便将鱼卵转移至锅底形的土坑中进行微流水孵化（图 6–9）。大约再过一天，鱼苗便会“破壳而出”。这样的孵化，每年都会持续一个月左右。每年通过这种古法孵化鱼卵，人们有效地获得了生产所需的鱼苗。

图 6-9　微流水孵化

从江田鱼古法孵化技艺，与现代鱼苗繁殖技术中的“淋水孵化”不谋而合。虽然设备简单、形式粗放，但这种孵化方式的孵化率较高，也具有较高的苗种成活率。

从江县刚边乡是从江田鱼鱼苗的主要供应基地（图 6-10），特别是刚边乡的平正村、高麻村、平中村和银平村一带，历来有“卖鱼花”（即销售水花鱼苗）的传统。每年的清明时节，勤劳的村民穿梭于田埂之间，采集石松，挖鱼窝，孵化鱼苗，卖鱼花（图 6-11，图 6-12）。每当鱼苗大批出苗的时节，县内外从事稻田鲤鱼苗养殖的人，成群结队地前来采购鱼花，刚边乡的鱼苗远销毗邻的黎平、榕江、三都、融水和三江等地。

图 6-10　从江田鱼繁育基地

图 6-11　从江田鱼鱼卵

图 6-12　在鱼窝中孵化鱼苗

在交通不发达的年代，刚边乡的卖苗人都是通过肩挑背扛的方式走村串寨兜售鱼花。一担水中，小半桶鱼花，大半桶鱼卵，水上覆盖几片树叶防止阳光直射。前面的鱼花卖掉之后，后面鱼卵又孵化出鱼花再继续卖。一对夫妇出门卖一次鱼花的时间在半个月左右，行迹踏遍附近的村寨，“卖鱼花”的吆喝声遍及几百公里外的荔波、融水、三江等地。每年的清明时节，从江田鱼的鱼苗产业会给这些卖鱼苗的人带来户均 5000 元以上的经济收入。

3. 从江田鱼的特性

从江田鱼经过千百年来的繁育，具有显著的品种特征。一是能够很好地适应稻田浅水环境，在水深普遍不超过 20 厘米的稻田中，从江田鱼很少逃逸，用从江当地话称之为“坐田”；二是油脂丰富、味道鲜美、肉质紧致。从江田鱼一般投喂煮熟的稻谷、米糠，吃稻田中的螺蛳、水生昆虫，生长周期长，故而肉质紧致。再加上淀粉类农家饲料的投入，从江田鱼富含油脂。在收割稻谷的金秋时节，鱼儿肥美，用木棍穿肠而过在火上烘烤，油脂不断的往外冒，发出“滋滋滋”的声响。不同于其他鲤鱼品种，正宗的从江田鱼久煮不散、不烂，味道十分鲜美可口。

经检测，从江田鱼营养价值高，富含蛋白质和不饱和脂肪酸，氨基酸种类丰富，脂肪及胆固醇含量低，矿物质含量丰富。蛋白质含量高于15%，脂肪含量低于10%，不饱和脂肪酸占整个脂肪量高于60%，氨基酸总量高于12%，每百克鱼肉含钙量高于63.5毫克，含铁量高于0.45毫克，含锌量高于0.35毫克，含硒量高于20微克。

（三）从江小香鸭

从江小香鸭也是当地人工选育的特色品种（图6–13）（图6–14），其个体小，生长速度慢，肉质紧致、味道鲜美。从江小香鸭的鸭蛋小，但味道极香，蛋黄不易散。每当逢年过节，除了田鱼和香禾糯外，白煮小香鸭也是招待客人必不可少的佳肴。白煮小香鸭蘸着放了花椒、盐、辣椒的血酱一起食用，让人大快朵颐。

图6–13　从江小香鸭（1）

图6–14　从江小香鸭（2）

第四节　从江稻鱼鸭模式效益

（一）稻鱼鸭复合系统生态学原理

稻鱼鸭模式在同一块土地面积上既产出稻米又有鱼鸭，为生产者提供了丰富的农产品，其生态效益也极为显著（图 6–15）。

6–15　稻鱼鸭复合系统

第一，该模式可以有效控制稻田的病、虫、杂草等危害。鱼和鸭捕食稻纵卷叶螟和落水的稻飞虱，降低了害虫对水稻的危害。鱼和鸭的干扰和觅食，使稻田的杂草数量明显减少，有利于水稻的生长。

第二，有利于改善稻田土壤质量。鱼和鸭觅食杂草、害虫和水生生物等，以粪便的形式归还于稻田，增加了稻田有机肥的含量。鱼和鸭的游动还会翻动土壤，增加土壤间隙，有利于有机肥和氧气渗入稻田土壤深层，增强土壤肥力。此外，鱼、鸭搅动水层，可以增加稻田水中的氧含量。

第三，保持了生物多样性。肥沃的稻田，良好的水质使螺、虾、泥鳅、黄鳝等野生动物和野生植物共同生息，多种生物围绕稻、鱼、鸭形成一个庞大的生物生态系统，不同生物之间既互生互利，又相互制约。

稻鱼鸭模式在水稻和田地之间加入了鱼和鸭，使得物质和能量流动的缺环得到了填补，一片稻田形成了无数循环圈的复合体（图 6-16，图 6-17）。各生物之间既互利互用，又相互制约，物质能量在这个生物圈中不断循环，食物链被人为拉长，在自然资源不变的前提下，单位面积产品的产出水平要比单种水稻高得多。

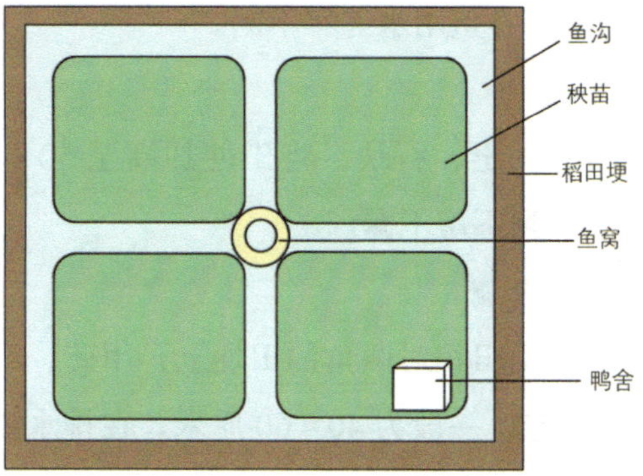

图 6-16　稻鱼鸭复合系统示范稻田示意图

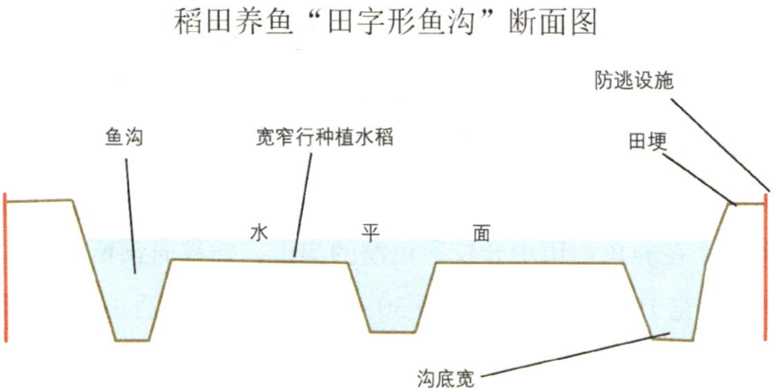

图 6-17　鱼沟断面图

此外，由于生物圈物质循环的作用，人们不仅获得了稻米、鱼、鸭、螺、虾及鸭蛋等丰富的优质绿色农产品，而且由于稻田病虫害减少，土质得到改善，还减少了劳动量和投入成本。稻鱼鸭模式节能环保、高效兼顾的理念，充分利用自然生物之间的相生相克原理，构建多样化生物生态圈，使物质能量在生物之间循环，既保护了生态环境，又减少了投入与劳作。

（二）稻鱼鸭复合系统技术措施

1. 稻田改造

（1）修建引水渠道

排灌方便，保证稻田养鱼用水终年不断。

（2）加高加固田埂

利用打田或挖沟的泥土、石块，将田埂加高至 50 ~ 60 厘米、宽 30 ~ 50 厘米，捶打结实，做到不垮不漏。

（3）进出水口及拦鱼栅

① 进、出水口设在稻田相对两角的田埂上，用砖、石块砌成或埋设涵管，宽度依田块大小而定，一般为 40 ~ 60 厘米。在排水口一端田埂上开设 1 ~ 3 个溢洪口，以控制水位和溢洪。

② 为防止逃鱼，在鱼种放养前需在进出水口设置较牢固的拦鱼栅。拦鱼栅呈“︵”或“︿”形，在进水口处，其凸面朝外；在出水口处，其凸面向里，入泥深度 20 ~ 35 厘米，并把栅桩夯打牢固。其网目或孔隙大小因鱼规格不同而异，以不逃鱼为准。

（4）开挖简易鱼沟、鱼坑

① 鱼沟：在养鱼稻田中开挖通鱼溜的沟道。插秧时预留鱼沟，主沟位于稻田中央，宽 100 ~ 120 厘米，深 30 ~ 50 厘米，插秧后 10 ~ 20 天进行开挖，水稻分蘖末期再整理 1 次。视稻田面积大小与地形地势开挖“十”“井”或“田”“目”字形鱼沟，沟与鱼溜相通（图 6–18，图 6–19）。

图 6-18 “十字”鱼沟

图 6-19 成型后的“十字”鱼沟

② 鱼坑：从江县本地把鱼坑称为鱼窝，是在养鱼稻田中开挖的小水坑。鱼坑的数量视稻田的面积大小确定，位置紧靠进水口的田角处或鱼沟交叉处，呈长方形或圆形，深 30～50 厘米，长、宽及鱼坑数量根据田块面积大小确定，以鱼沟、鱼坑总面积不超过稻田面积的 10% 为宜。

鱼沟与鱼坑相通有利于鱼苗、鸭子在田间的活动，鱼坑上搭建遮阳棚，可种些瓜果。遮阳棚起到蔽阴避暑、御寒、防敌害的作用。

（5）搭建鸭舍

在稻田边上选择距离田埂 1 米左右、方便鸭苗饲养、栖息的位置，搭上板子，四周用篾栅围起来建成长 1.3 米、宽 1.5 米、高 1.3 米的鸭舍，供鸭昼夜栖息。也可直接搭建在鱼窝上方。

2. 水稻栽培

水稻旱育稀植高产栽培技术，是以水稻旱地育秧为基础的一套高产栽培技术，该技术具有以下方面优点：一是秧苗质量好。表现在根系发达、白根多、植株健壮、分蘖多。二是移栽后基本无返青期。由于旱育秧长期处于旱育壮态，根系发达，一旦移栽入水田就“如鱼得水”，非常适应。三是秧龄弹性大。旱育小苗秧龄 30 天以内，大苗秧龄可达 45～65 天，以缓解季节劳力、用水紧张等问题。四是省水、省工、节能、省秧田，降低育苗成本。五是旱育可早播、早熟、抗灾避风，稳产高产，可以避免受后期低温影响，提高产量。

（1）育秧前准备工作

① 品种选择

水稻品种选择高秆、耐肥、抗倒伏、品质好、产量高的品种，如本地品种，或国家推荐的一些品种，如糯禾、岗优725、宜香优527、成优系列等，一般亩用种量为1.25～1.5千克。

② 育秧地选择

一般选择背风、向阳、土质肥沃疏松、排灌条件较好、偏酸性的田块或菜园地，每移栽1亩大田需准备秧床50平方米左右。

③ 秧床培肥

搞好秧床培肥是培育壮秧的前提条件，一般在播秧前10～15天挖土作秧床，秧床要求宽1.4米、长10～15米，每亩施腐熟性农家肥1500～2000千克，一次性作底肥施入厢面上，用锄头将肥土拌匀，待播种。

（2）育秧阶段

① 确定播种期

以当地气温稳定在6摄氏度以上的时节播种为宜，一般低海拔地区在4月上、中旬，高海拔地区在3月下旬至4月初。以低温育壮苗，培养秧苗的抗寒能力。

② 种子处理

在播种前7天进行晒种，晒种1天后用1%的石灰水浸泡1天，消毒杀菌，促进种子萌发。然后用清水洗净，再用冷水浸泡1天，使种子吸足水分，但注意换水和搅拌，再滤干催芽，芽长达2毫米左右即可播种。

③ 播种前秧床处理

先把厢面整细整平、四沟理通，然后用70%敌克松，2.5克/平方米加水600倍均匀喷在厢面上，再浇适量清水，使敌克松药液渗入土壤中，稍晾后即可播种。

④ 播种方法

秧床均匀播种20克/平方米左右，播种后用细土或腐熟土杂细肥泥盖种1厘米左右，再用竹片每隔1米插1片搭拱，然后用农膜或无纺布盖上，四周用土块压好，以免风吹翻动。

⑤ 秧床管理

通风管理。关键是控制好温度。一是从播种至出苗，一般不通风降温，不浇水，保持膜内温度30～32摄氏度。若温度超过38摄氏度时，适当通风。二是从出苗至 1 叶 1 芯时，要保温保湿，保持膜内温度在 25 摄氏度左右，不能超过 28 摄氏度。若温度过高，应揭膜通风。三是从 1 叶 1 心至 2 叶 1 心时要控水促根，此时揭膜通风，保持膜内温度 20 摄氏度以下，使秧苗逐渐适应气温，若夜间气温低于 12 摄氏度以下，夜间要及时盖膜，防止低温死苗。

水分管理。原则是：秧床不干旱不浇水，秧苗叶片出现早晚无水珠，早晚秧床干燥无湿润状态或晴天中午秧苗叶片打卷时，必须在上午浇水 1 次。

防治立枯病。秧苗在 1 叶 1 心时，用 70% 敌克松，2.5 克 / 平方米加水 1000 倍稀释后，均匀喷施于秧床厢面，隔 10 天后再喷施 1 次即可。

控施氮肥。目的是防止秧苗徒长，使秧苗矮壮，富有弹性。因此在整个育秧期间，原则上不施尿素，若因缺氮引起秧苗严重发黄时，可适当进行叶面喷施。

3. 移栽阶段

（1）大田处理

消毒和施肥。在冬季开挖鱼沟、修整鱼凼时，每亩要用 30 千克以上生石灰撒施消毒。撒石灰时田中应无积水，撒施晒田一星期后再灌水，每亩施农家肥 1000 ~ 1500 千克、过磷酸钙 20 千克、尿素 5 ~ 7.5 千克、硫酸钾 5 ~ 7.5 千克一次性作底肥，施入后翻犁，再耙田栽秧。

（2）适时移栽

秧苗到 3 叶 1 心时，苗高 12 厘米左右，要及时移栽，一般秧龄期 30 天左右。移栽时，因干旱无法打田栽秧，可延长秧龄期至 40 天左右，但不能超过 50 天。

（3）移栽密度

稻鱼鸭复合系统的栽插密度宜稀植，其目的是为鱼、鸭预留活动空间，来提高单位效益。由于稻、鱼、鸭对大田保水要求较高，因此要求田平、土细、水深。其栽插方式为宽行窄株或宽窄行。亩栽 8000 ~ 10000 穴，即宽行窄株：行距 33 厘米、株距 24 厘米；宽窄行：宽行 40 厘米、窄行 26

厘米、株距 24 厘米。每穴栽 2 粒谷秧。

（4）栽插要求

移苗时要求铲秧，带土 2 厘米厚，铲秧时要求尽量少伤根，边铲边栽插。栽插时力求拉绳定距插秧，行穴距均匀整齐，苗直根伸。

4. 大田管理阶段

（1）水肥管理

移栽至返青前应保持浅水灌溉；返青后水深为 8 厘米左右，控制无效分蘖；在施肥方面，根据水稻长势长相，结合平衡施肥原则，重施底肥、早施少施分蘖肥、巧施穗肥、酌施粒肥，即移栽后 5 ~ 7 天，每亩施 4 千克尿素，在幼穗形成期，每亩施尿素 1.5 ~ 2 千克。最好采用叶面喷施，结合磷酸二氢钾混合使用，以保化壮粒。

（2）病虫害防治

重点注意稻瘟病、纹枯病、二化螟、稻飞虱、稻蓟马等病虫害，药物防治方面要选择低毒高效且对鱼无毒的农药。如：防治稻瘟病，可选用灭瘟素；纹枯病可选用井冈霉素；稻纵卷叶螟和二化螟可选用苏云金杆菌、抑食肼、福戈等农药；稻飞虱可选用噻嗪酮、吡虫啉、福戈等农药。

（3）施药前准备

先疏通鱼沟、鱼溜，加深田水至 10 厘米以上或将田水缓慢放出，使鱼集中于鱼沟和鱼溜中，再施药。粉剂在早晨有露水时喷施，水剂宜在露水干后喷施，使药物喷洒在稻禾上。

5. 稻田养鱼

（1）鱼种投放数量

应根据水源条件、田块大小、饲料供给情况而定。正常情况下，饲养商品鱼应投放 3 ~ 4 寸大规格鱼种，亩产 100 千克鱼投放 500 尾；亩产 30 千克投放 200 尾左右。

（2）适时放鱼

当秧苗移栽返青，每亩用 4 千克尿素追施分蘖肥，追施分蘖肥后 3 ~ 4

天，灌水深8厘米以上，这时投放入鱼苗。如过早的投放鱼苗，不利于水稻追施分蘖肥。

（3）鱼病防治

按照“预防为主，防治结合”的原则，鱼种入稻田前须严格消毒，鱼种投放前用3%～5%的盐水浸泡5～10分钟。

（4）鱼的饲料

鱼的活动对水稻具有除草、保肥施肥、控制病虫害的作用。因此，在生产中尽量不用化肥、农药，避免污染稻田环境。以投喂农副产品为主，如菜枯、稻谷、米糠、包谷等。若喂全价颗粒饲料必须选择正规生产企业生产、质量有保证的产品，确保粮食、鱼类产品的质量安全。

6. 稻田养鸭

稻田养鸭是把雏鸭适时放入稻田里，四周用篾栅围起来，在稻田中昼夜饲养，同时将大规格的鱼苗适时放入稻田里，实现稻、鱼、鸭共生，鱼、米、鸭同收的一项种养配套技术。其具体做法如下：

（1）饲养前的准备

计划实行稻田养鸭的田块，插秧时在田中间或靠边阴凉处，留出一块长150厘米、宽150厘米的小空地，用竹片、树枝编成高1米左右，密度以刚放养的雏鸭不能通过为度的围栏，将四周围起来，在底部编制竹板作为鸭床，高度以露出水面20厘米为宜，供鸭群休息。

（2）选择健壮鸭苗

因地制宜选用早熟、适应能力强、生活力和抗逆性较强的本地优良鸭种的鸭苗。注意防寒保温和放水管理，进田前进行鸭瘟和鸭传染性浆膜炎免疫接种。

（3）适时放鸭进田

一般20～25日龄、重约150～200克左右的雏鸭，即可放进田中。放养密度应视稻田大小、田间自然饵料情况而定。一般中等肥力田亩放20只左右，上等肥力田亩放25只左右。放鸭入田时间应在秧苗返青分蘖后，分早、晚两次，过早放鸭易造成秧苗脱泥漂浮。稻田中放入鱼苗应在插秧后，投放3～4寸大规格的鱼种，小规格的鱼苗易被中大鸭捉食，不利发挥稻鱼鸭模式互促互利的生态效益。

（4）培育水体天然饲料

养鸭稻田要培育以浮萍为主的水生饲料，为鸭群提供青料。在秧苗返青后，每亩投放萍种100千克，间隔5～6天施过磷酸钙4～6千克，连续施2～3次。放养的鱼、鸭活动对水稻具有除草、保肥施肥、控制病虫害的作用。鸭在稻田中排出的粪便培肥水质，作为水稻的肥源，培育浮游生物供鱼种捕食。养鸭以投喂农家饲料为主，如稻谷、米糠、包谷等。

（5）做好饲养管理

初入田的雏鸭，应在早、晚适量补料1次，按“早喂半饱晚喂足”的原则投料。开始时可在傍晚用食饵引鸭上床，日后便形成习惯，会自行上床栖息。平时注意观察鸭群的生长变化情况，如发现天然饵料不足，应适当增补饲料，以满足鸭苗生长需要。早晚加强田边巡视，检查围栏是否完好，发现漏洞，及时处理，做好防逃、防盗工作。

（6）及时回收成鸭

稻鸭共栖的配套方式有“中稻、再生稻养双季鸭”“一季稻养一季鸭”等。无论采用那种方式，均应安排在水稻成熟前及时收回田中成鸭。因为，此时的鸭子体重一般已长到1.5～2千克左右，采食能力极强，如不及时回收，便会采食快成熟的稻谷，造成水稻减产。此时若有个别成鸭未达到上市标准的，也要“转田”饲养，防止鸭吃谷穗。

第五节　从江稻鱼鸭文化

（一）侗不离鱼

稻鱼鸭模式形成了侗族的“糯食”与“鱼粮”并重的生活方式，正是这两大特点构筑起了与侗族传统稻作制度相生相持的侗族文化体系，形成

图 6-20　从江县的稻鱼鸭模式

了与生态环境相协调，与其生产方式相适应，具有鲜明地方特色和民族文化色彩的节庆礼仪、传统工艺、语言艺术、生产技术、民族歌舞等非物质文化遗产（图 6-20）。

侗族人民逢年过节必须有鱼，婚丧嫁娶必须有鱼，祭祀祖先必须有鱼，桥梁建筑、服饰刺绣中处处都有稻鱼的图案。由此可见，稻鱼鸭模式不仅仅是一种农业生产方式，而是一个复合文化系统，是精耕细作的农耕文化、“饭稻羹鱼”的饮食文化、人地和谐的生态文化的有机融合，这也是稻鱼鸭模式千百年来能传承发展的根本原因。

“鱼无水则死，水无鱼不活。”在侗乡人眼中，鱼与侗族有着某种深刻的内在联系，以至于在侗族社会中有“无鱼不成礼”“无鱼不成祭”“识鱼来认族”的说法，侗族历史上长期保留“饭稻羹鱼”的生活传统（图 6-21），至今还有“水稻民族”的称谓和“侗不离鱼”的说法。“左手握着糯米团、右手掂着陈年腌鱼”是侗族人民一致认可且向往的美好生活。

图 6-21 “饭稻羹鱼”菜品

侗族民间流传的谚语“内喃眉巴，内那眉考”，意为“水里有鱼，田里有稻”。侗族人还认为，有鱼才有稻，养不住鱼的地方，稻谷也长不好，鱼是水稻的保护神，侗族人民至今仍把鱼当作“禾魂”来敬仰。

在占里和小黄一带的侗语把粮食称为“苟能”，直译为“谷水”，实指禾糯和田鱼。

从江县稻田养鱼面积约 10.5 万亩，占稻田总面积的 55%。目前，从江稻田养鱼的传统保持得最好的是以种植禾糯为主的往洞、高增、谷坪、西山、翠里、刚边等乡镇的村寨，尤其是往洞镇的绝大多数村寨都以种植禾糯为主，无一例外的都在稻田里养鱼。由于连片的坝子田多，田肥产丰，这些地方素来都被视为从江的“鱼米之乡”。

除了从江侗乡各村寨都有自己养育的鱼苗外，刚边乡一带的壮族村寨，如银平、高麻等地，还形成了专业化的民间商品鱼苗培育基地，不仅满足本县稻田养鱼的需要，还远销榕江、黎平、三都、荔波等地。这些民间鱼苗种库的存在，对于从江稻鱼共生系统的自循环和可持续发展有着十分重要的作用。

（二）小黄村侗族大歌《祖公立寨》

侗族大歌被人们称为天籁之音，是流传于贵州省黎平、从江、榕江等地的侗族聚居区域，以及广西三江地区的一种传统音乐，被列入国家非物质文化遗产名录和联合国教科文组织“人类非物质文化遗产名录”。

侗族大歌起源于春秋战国时期；至宋代，侗族大歌已经发展到了比较成熟的阶段；至明代，侗族大歌已经在部分侗族聚居地区盛行。侗族大歌的发展与侗族人民的风俗习惯、语言有着密切的联系。侗族大歌结构严密而精美，歌词押韵，曲调优美。

图 6-22　侗族大歌表演现场

侗族大歌的代表作有《蝉之歌》《大山真美好》等。侗族大歌不仅是一种音乐艺术，还是侗族社会结构、婚恋关系、文化传承和精神生活的重要载体，具有社会史、思想史、教育史、婚姻史等多方面的研究价值。

从江县高增乡小黄村由七个自然寨组成，二十个村民组，居民全是侗族群众。小黄村是侗族大歌的发源地，公认为“大歌之乡”。人人能歌善舞，人才辈出，是极富盛名的“侗歌窝”。贵州省将小黄村命名为“侗歌之乡”，原国家文化部将其命名为“中国民间艺术之乡”，现已被评为“中国少数民族特色村寨”。

侗族大歌《祖公立寨》，讲述的是小黄侗寨的来历。部分歌词如下：

请转告子孙后代，
千万不要忘怀养育自己的土地，
它有着祖辈的血和泪的灌溉，
有着祖辈的智慧，
即使海枯石烂也不要离开，
踩着前辈的脚印，
寻求美好的未来。

第七章

贵州稻渔综合种养技术与模式

随着科学技术的不断发展和完善，我国稻田养鱼进入了效益更高和品种更多的稻渔综合种养阶段。稻田养鱼主要是在稻田中养殖鱼类，稻渔综合种养，则是在稻田中除了养殖鱼类之外，还可以养殖虾、蟹、鳖、蛙等更多的水生经济动物，产生更大的效益。

稻渔综合种养，需通过对稻田实施工程化改造，构建稻渔共作或轮作系统，通过规模化开发、产业化经营、标准化生产、品牌化运作，能实现水稻稳产、拓展水产品种类、提高经济效益、农药化肥施用量显著减少等目标，是一种生态循环的农业发展模式。目前，稻渔综合种养主要有稻鱼、稻鳅、稻蟹、稻虾、稻蛙、稻鳖、稻鱼鸭等模式。

第一节　稻鱼种养

（一）场地建设

1. 场地选择

稻田应选择水源充足，无污染，排灌方便，旱不干、涝不淹，地势平坦，光照条件良好，土壤肥沃，保水性强的稻田。

2. 稻田工程建设

稻田养鱼的工程建设根据其养殖模式、稻田类型、规模大小和成本投入，可分为双埂大边沟式、垄稻沟坑式或平板式几种。所有模式在稻田养鱼工程改造中，沟坑面积均不超过稻田总面积的 10%，需保护稻田耕作层且保持稻田平整性。

（1）双埂大边沟式

双埂大边沟式稻田养鱼模式适宜规模经营，经营主体为龙头企业、种养植大户等，应选择集中连片、地势平整、连片面积不小于 300 亩的坝区稻田；沿着连片稻田田埂的一边或两边用水泥砖或三合土护坡修筑成大边沟（图 7–1、图 7–2），边沟为倒立梯形，上底宽 1.2 ~ 1.6 米，下底宽 0.8 ~ 1.0 米，外埂高 1 ~ 1.5 米，宽 0.3 ~ 0.5 米，内埂高 1 ~ 1.2 米，宽 0.2 ~ 0.3 米，其沟面积占稻田总面积的 8% 左右；大边沟之间每隔 10 米开宽 0.4 ~ 0.6 米与稻田泥面相平的渠，稻田内开挖“十”字形鱼沟，鱼沟宽 0.3 ~ 0.6 米，深 0.3 ~ 0.6 米，需确保鱼沟与大边沟相通，渠与鱼沟相连。

图 7–1　大边沟

图 7–2　大边沟模式图

（2）垄稻沟坑式

垄稻沟坑式稻田种养模式适宜合作社、家庭农场等经营主体，适用于坡度较小的梯田，单块稻田面积大于 1 亩则宜开挖鱼坑（图 7–3）。垄稻沟坑式稻田种养模式首先要加高加固田埂，一般要求高达到 40 厘米以上，

图 7-3　垄稻沟坑式稻田

捶打结实、不塌不漏。其次是鱼沟，这里是鱼从鱼坑进入大田的通道。早稻田开挖鱼沟一般是在秧苗移栽后 7 天左右，即秧苗返青时开挖；鱼沟宽 30～60 厘米，深 30～60 厘米，挖成 1～2 条纵沟，亦可开成“十”字形、“井”字形或“目”字形等不同形状。最后是鱼坑，最好用水泥砖切，也可用三合土护坡，每块田 1 个，由田面向下挖（深 1～2 米），大小视田块而定，因地制宜。需注意的是，鱼坑或鱼沟离田埂应保持 80 厘米以上，以免影响田埂的牢固性。

（3）平板式

平板式稻田适用于坡度较大、面积较小的稻田或山区梯田，用土夯实田埂至高 0.4 米，在放鱼苗之前 3 天，再根据稻田形状开挖鱼沟。鱼沟宽 30～60 厘米、深 30～60 厘米，挖成 1～2 条纵沟，亦可开成“十”字形、“土”字形等不同形状。在稻田内开“十”“井”字形的鱼沟（图 7-4）。

图 7-4　平板式稻田

3. 防逃设施建设

在进出水口和溢洪口设拦鱼栅。拦鱼栅可用木制、藤编，或用铁筛网、网片和网衣制作。拦鱼栅的孔隙或网眼的大小要根据所放养鱼种的规格来确定，必须保证不阻水和不跑鱼，拦鱼栅的高度和宽度以大于进出水口和溢洪口 0.15 米为宜。安装呈弧形，凸面向田内，并插入田埂 0.3 米以上，左右两侧嵌入田埂口子的两边。拦栅务必扎实牢固，在进水口内侧附近加上一道竹帘或树枝篱笆，可有效防止鱼顶流跃逃以及因拦截渣杂塞拦而引起的阻水或倒栏，拦鱼栅设两层为好（图 7–5）。

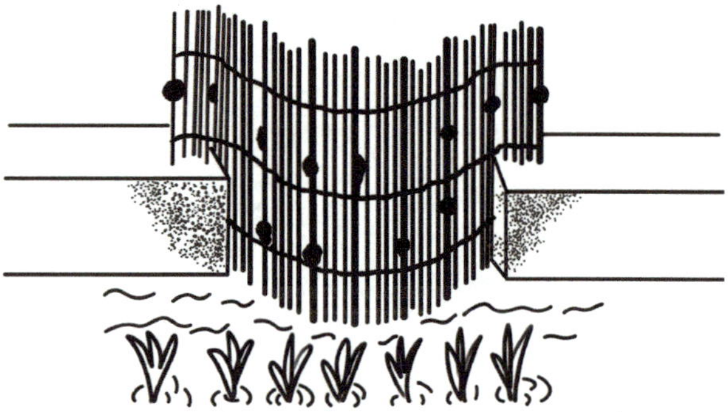

图 7–5　拦鱼栅示意图

（二）养殖技术

1. 品种选择

在选择稻田养的鱼种类时，应根据自身需要因地制宜地选择品种。稻田养鱼是一种粗放型养殖方式，通常以一种水生生物为主要养殖对象，在不发生饵料冲突的情况下充分利用稻田饵料生物群落，可适当套养其他鱼类。一般以养殖鲤鱼为主，可适当套养草鱼。

2. 鱼种投放

鱼种放养时间越早，鱼在田里的生长期就越长，因此应尽量争取早放养，尤其是当年孵化的鱼种，待秧苗返青后即可放入。放养隔年鱼种则不宜过早，栽秧 10 天后左右放养为宜（图 7–6）。

图 7-6 鱼种放养

稻田养殖成鱼，根据不同的工程模式，一般每亩可放养 8 ~ 15 厘米的大规格鲤鱼鱼种 300 尾左右，双埂大边沟高产稻田可每亩可放养 8 ~ 15 厘米的大规格鲤鱼鱼种 500 ~ 800 尾。

稻田养殖成鱼时主养鱼种的放养密度与稻田工程模式密切相关，同时与养殖技术和生产成本投入有关，放养鱼种规格及投放量见表 7–1。

表 7–1 放养鱼种规格（8 ~ 15 厘米）及投放量表

单位：（尾 / 亩）

养殖鱼类	鲤
双埂大边沟式	600
垄稻沟坑式	400
平板式	100

（1）稻田消毒

养鱼稻田一定要清田消毒，以清除鱼类的敌害生物（如黄鳝、老鼠等）和病原体（主要是细菌、寄生虫类）。清田消毒药物主要用生石灰，生石灰有改善水田 pH 值的作用，尤其适用于酸性土壤。秋冬季的无水稻田每亩用生石灰 30 千克左右，加水搅拌后，立即均匀泼洒；若稻田带水则每亩用生石灰 100 千克左右，加水搅拌后，立即均匀泼洒。

（2）鱼种消毒

因为鱼种经过运输，鱼体会擦伤或有鳞片脱落、体表黏液脱落等情况，细菌就比较容易侵入鱼种体内，会导致鱼种发病。用盆或桶，配制 3% 的食盐水，然后将鱼种在食盐水中浸泡 5 ~ 10 分钟，再放入稻田。

（3）平衡水温

放鱼时，要特别注意水温差，运鱼器具内的水温与稻田的水温差不能超过 2 摄氏度。因此在运输鱼苗或鱼种的器具中，先加入一些稻田清水（必要时反复加几次水），当运输鱼苗或鱼种的器具中的水温与稻田中的水温基本一致时，再把鱼缓慢倒入鱼坑或鱼沟里，让鱼自由地游到稻田中去。

（4）饵料补充

稻田中的杂草、水蚤、水蚯蚓、螺类等是鱼的天然饵料，鱼可以充分捕食这些天然饵料。在天然饵料不够的情况下，还需适当投喂人工饲料，如玉米、酒糟、南瓜、红薯等。

（5）防止缺氧

要经常往稻田中加注新水，增加水体中的溶解氧量，防止鱼类“浮头”。若发生“浮头”现象，则应增加注新水，但每次的加水或换水量不得超过原田水总量的 1/2。

（6）调节水温

当稻田水温上升到 32 ~ 35 摄氏度时，应及时灌注新水降温。先打好平水缺口，边灌边排，待水温下降后再加高平水缺口，将水位升高到 10 ~ 20 厘米。水稻移栽后，先是浅水（水深 5 厘米）保分蘖，一个月后保持水深在 12 厘米左右（水稻分蘖高峰期，灌深水控制无效分蘖），中期水稻拔节孕穗时保持水深在 18 厘米左右。

（7）避免干死

稻田排水或晒田时，应先清理鱼沟、坑，使之保持一定的蓄水深度，然后逐渐排水，让鱼自由游进鱼沟中。切忌由于排水过急而造成鱼搁浅干死。

（三）种植管理

水稻品种选择茎秆粗壮、分蘖力强、抗倒伏、抗病、丰产性能好、品质优、适宜当地种植的水稻品种。水稻栽培应发挥边际效应，通过边际密植，最大限度保证单位面积水稻种植穴数，一般在 10000 ~ 11000 穴 / 亩（图 7-7）。

图 7-7　水稻种植“边际密植”图

1. 稻田水深调节

稻鱼种养期间，要根据水稻在不同生长阶段的特点，进行水位的调节。水稻生长初期，浅水能促使秧苗扎根、返青、发根和分蘖，水深以 6 ~ 8 厘米为宜；中期正值水稻孕穗，需要大量水份，水可加深到 15 ~ 18 厘米；晚期水稻抽穗灌浆成熟，要经常调整水位，但一般应保持水深 12 厘米左右。养鱼早期鱼小，稻田水位不能过高，可以浅灌；后期鱼大，鱼的游动强度加大，食量也增加，水位要高，才能适于逐渐长大的鱼的生活，大边沟水深应保持在 1 ~ 1.5 米。要灌水得当，才能有利稻鱼生长，促进稻鱼双丰收。

2. 晒田

养鱼稻田一般不用晒田，因为水稻秧苗已在苗床度过了芽期和立针期，分蘖末期可以用提高水位的方法控制无效分蘖。因治病、灭草、除虫等因素必须晒田时，要把水缓缓放出，使鱼归入鱼沟、鱼坑内。晒田后要及时灌水，确保田鱼安全。

3. 检查进排水

检查进排水，主要是防止田埂的垮塌。需检查稻田的进排水是否正常运行，是否有堵塞，如果有要及时清通；同时还要注意防逃设施是否有损坏，如果有损坏要及时修补。特别是在极端天气条件下，如大风、暴雨天气，上述问题都要及时发现及时处理。此外还要查看田埂有无坍塌漏水。

4. 施肥、病虫害防治

稻田综合种养采取一次施肥法，重施长效基肥，有机肥和化肥混合（有机肥占 75% 以上）施用，用量为 50 千克 / 亩。在插秧前施肥，此后不再施用任何肥料。

水稻常见病害有纹枯病、稻瘟病、褐条病、条纹叶枯病、稻曲病。水稻病虫害以综合防治为主，从种子处理、育秧时起，就采取培育无病壮秧、提高栽培技术等综合措施，在水稻移栽前一天用辣椒水全苗喷雾。另外，以鱼治虫。在稻飞虱大量产生时，用竹竿、绳索等工具将稻株上的飞虱打入水面，供鱼摄食；也可将田间水位短期升高，缩短稻株上稻飞虱与水面的距离，使浮到水面的小鱼能跳跃捕食，从而减轻稻飞虱的危害。另外，也可在稻田以 50 亩 / 盏的密度安装太阳能杀虫灯，采取综合防治措施。

5. 收稻

当水稻成熟后，选择晴朗天气收割水稻，用打谷机或人工将稻谷脱离，晒干后储存。

（四）捕捞

捕鱼前先把鱼坑鱼沟疏通，使水流畅通。捕鱼前一天于夜间排水，等天亮时排干，让鱼自动进入鱼沟鱼坑，使用小网在排水口处捕鱼。收鱼的季节一般天气较热，可在早、晚进行捕捞。若还有鱼留在鱼沟中，则灌水后再重复排水一次，然后以片网捕捞。

大边沟模式的稻田综合种养，在水稻收割前 24 小时，将稻田水放掉，大边沟内留水。鱼全部归到大边沟内后，用渔网打捞。可一次打捞完成，不影响水稻的收割。水稻收割后，增高水位，鱼重返稻田，可延长养殖至元旦前后。若用竹篼进田徒手捉鱼，这样不仅效率低，而且由于鱼受到搅动后就钻入泥中，捕捞难度大，难以一次性捕获；同时还会造成鱼的损伤，影响销售。

图 7-8　收鱼季节

若捕捞在收割水稻前进行，为了便于把鱼捕捞干净，又不影响水稻生长，可进行排水捕捞。在排水前先要疏通鱼沟，然后慢慢放水，让鱼自动进入鱼沟，随着水流排出而捕获（图 7-8）。

第二节　稻鳅种养

稻田养鳅是指在水稻种植的同时在田里养殖泥鳅的一种高效种养模式。

此模式充分利用了稻田水体、肥力和生物资源等条件，稻田中的浮游生物、水生昆虫、其他底栖动物及杂草等能为泥鳅提供天然饵料，泥鳅的排泄物能被水稻吸收利用，泥鳅在浅水中游动，可起到松土的作用，防止水稻缺氧烂根，可壮根促长，综合效益良好。稻田养鳅分为稻田繁育一体模式和商品鳅养殖两种养殖模式，本书着重介绍商品鳅养殖模式。

（一）稻田准备

1. 选择养殖田

一般选择保水性较好的田块，最好是能持续保持水层深 40 厘米的稻田。田块面积在 1.5 亩左右为宜，要泥土肥沃，腐殖质含量高，黏性好。泥鳅喜欢钻进泥土，在水温高、光照强的时候，泥鳅可以躲避在泥下。

2. 稻田养鳅

多选择垄稻沟坑式种养模式，稻田水位低，高温会影响泥鳅的生存、生长，必须在稻田四周开挖鱼沟。鱼沟距离田埂 50～100 厘米，以保证田埂的牢固。鱼沟的位置、大小、数量根据稻田的自然地形和稻田大小确定。面积较小的稻田只需在田头周围开挖一条环形鱼沟即可，面积较大的稻田在稻田中心多开挖几条沟。

田间沟呈“十”字形或“井”字形。鱼沟宽 50～80 厘米，深 60 厘米以上，稻田周边鱼沟较宽，田中沟较窄。田中沟的交汇处可开挖面积 2～3 平方米、深 60～80 厘米的鱼坑。鱼坑既是夏季高温、施农药化肥及水稻晒田时泥鳅的栖息场所，又使泥鳅集中，更易于捕捞。鱼沟和鱼坑总和面积不大于稻田总面积的 10%（图 7-9）。

图 7-9　稻鳅种养田间工程

3. 防逃墙

在田埂内侧埋一圈聚乙烯网布（20～25 目）作为防逃墙，墙高 40～50 厘米，入土深度 15～20 厘米，利用木桩固定。稻田四周的鱼沟建立独立的进排水系统，进水口与排水口呈对角关系，便于水流均匀畅通流经整块稻田。排水口旁开一个溢水口，以防雨季大量雨水冲毁堤坝。进排水口和溢水口都要用双层防逃拦鱼网罩好，以防泥鳅外逃。

（二）种苗放养

1. 鳅苗放养

稻田养殖商品泥鳅时，在移栽秧苗 1 周后可以投放鳅苗。选择专业苗种场购苗，且必须经产地检疫合格。放养规格为 5～8 厘米的鳅苗，每亩稻田放鳅苗 15000～20000 尾。放养前，用 3%～5% 的食盐水浸泡 5～10 分钟。为了给鳅苗提供丰富的饵料，可在鳅苗投放前按 266.67 千克 / 亩（图 7–10）在垄稻沟坑内施腐熟畜肥。

图 7–10　稻鳅种养

2. 水稻种植

水稻品种选择茎秆粗壮、分蘖力强、抗倒伏、抗病、丰产性能好、品质优，适宜当地种植的水稻品种。水稻栽培应发挥边际效应，通过边际密植，保证水稻穴数，采取大垄双行技术移栽。

稻田在插秧前要施足基肥，以腐熟的农家肥为主。在秧苗定根后及时铲去田块与田间沟之间的小埂，并适时加注田水，让泥鳅进入稻田活动和觅食。晒田时每天适当向田间沟中补充新水，追肥时采用分片施肥的方法。另外，在稻田里设置诱虫灯，具有较好的防虫害效果。昆虫还可作为泥鳅的天然饵料。养殖泥鳅的稻田杂草很少，杂草大多在出芽阶段就会被泥鳅吃掉，一般不用施除草剂。其他水稻日常管理工作与普通种稻管理相同。

（三）饲养管理

1. 水质管理

保持田中水质清澈，适时加注新水。苗种放养后，稻田水深度保持在5厘米以上；养殖中期（大约7月中旬），此时正是高温季节，田水深度应保持在10厘米以上。养殖期间3～5天换水一次。在日常巡查中，如果发现泥鳅浮头、受惊或日出后仍不下沉，应立即换水。

2. 饲料管理

稻田养殖泥鳅要想高产，除施底肥和追肥外，还应每天投喂人工饲料，前期投饵按鱼体重的1%～1.5%，中期投饵量为鱼体重的3%，后期投饵量为鱼体重的3%～5%。主要投喂植物性饵料，如麦麸、米糠等。投饵一般在傍晚进行，一次性投足。阴天应减少投饵量。

3. 日常管理

坚持经常巡查，检查各项设施是否有损坏，稻田的进排水是否正常运行、是否有堵塞，如果有要及时处理；同时还要注意防逃设施是否有损坏，发现后要及时修补。在特殊天气条件下，如刮大风、下暴雨时，更要注意巡查，发现设施损坏要及时处理。

4. 病害防控

泥鳅养殖过程中，要做好病害防控工作，以预防为主，治疗为辅，做到无病先防，防治兼施，防重于治。应先从泥鳅的摄食、活动、对外界的反应情况来判断是否发病。一旦发现泥鳅出现症状时，立即将未死亡的泥鳅捞出，从外到内进行各器官的检查，然后进行镜检，根据检查情况判断病因，对症使用渔药，做到精确用药。

（四）捕捞

图 7–11　收获商品鳅

根据泥鳅在不同季节的生活习性，对潜伏在泥中、达到上市标准的泥鳅进行捕捞：春季时，在进出水口处装上竹篓，对泥鳅进行捕捞；秋季时，先排干田水，重晒至田面硬皮，然后灌一层薄水，待泥鳅从泥中大量出来后进行网捕。安置地笼捕捉泥鳅时，在地笼中放入泥鳅的饵料进行捕捞（图 7–11）。

第三节　稻虾种养

稻田养虾从种养模式上可分为稻虾共作和稻虾连作（冬闲田养虾），从养殖品种上可选择克氏原螯虾（俗称小龙虾）、南美白对虾和日本沼虾，即利用生物种群、群落之间的相互影响及协同，从而最大化地利用稻田生态系统中的空间和营养。本书着重介绍稻 + 小龙虾连作模式。

（一）稻田选择

虾稻共作模式应选择规模连片、地势平坦、水源充足、土地肥沃、远离土坝、水库的稻田，可依据地形地貌，选择几十亩到几千亩连片不等的。为便于管理，单片面积以 40 亩以上为宜。稻田养虾还应保证水、电、路三通。

（二）稻田工程

1. 挖沟

稻虾连作多选用双埂大边沟模式进行。根据稻田地貌类型和单块稻田面积合理选择开挖“回”字形环沟、“U”形沟、“L”形沟或侧沟。例如：面积在 15 ~ 50 亩，可开挖环沟；10 ~ 15 亩，可开挖“U”形；5 ~ 10 亩，可开挖“L”形或“U”形；1 ~ 5 亩，可选择开挖“L”形或侧沟（图 7–12）。

开挖方法：沿稻田田埂内侧 2 米处开挖环形沟，沟宽 4 ~ 5 米，沟深 1 ~ 1.5 米。稻田面积达到 100 亩的，还要在田中间开挖“十”字形田间沟，沟宽 1 ~ 2 米，沟深 0.8 米。利用开挖环形沟挖出的泥土加固、加高、加宽田埂。

图 7–12　稻田养虾挖沟

田埂应高于田面 0.6 ~ 0.8 米，埂基部宽 5 ~ 6 米，顶部宽 2 ~ 3 米。田埂加固时，每加一层泥土都要进行夯实，以防渗水或暴风雨造成田埂坍塌。

2. 防逃设施

用网片或钙塑板等材料沿田埂四周围成封闭防逃墙，防逃墙高 40 ~ 50 厘米，四角转弯处呈弧形。进排水口应加设铁丝网或栅栏等防逃设施（图 7-13）。

图 7-13　稻田养虾防逃设施

3. 进排水设施

连片规模种养区进排水渠要分开，单块田进排水口设置在稻田对角线上，可用直径 20 厘米以上 PVC 管。进水管设置在田埂上，排水管设置在沟底，排水沟渠深度低于虾沟底部，做到进水便捷，排水彻底。进水管道口上应套上网目为 60 ~ 80 目的筛绢布做成的网袋，网袋直径 30 厘米，长 5 ~ 8 米，防止进水时野鱼及杂鱼进入稻田与龙虾争食、争氧；排水管道口应罩上 20 ~ 40 目的筛绢布做成的密眼虾罩，防止放水时虾苗、小龙虾逃逸。网袋或虾罩使用时应经常检查、搓洗，发现破损应及时更换或缝补。

4. 清塘

野鱼、杂鱼与小龙虾争食、争空间、争氧气，泥鳅、黄鳝、鲫鱼、草鱼等甚至摄食幼虾，黑鱼、鲶鱼甚至捕食大规格虾苗和软壳虾，因此要经常检查和清塘。主要清塘药品有生石灰、漂白粉、茶籽饼等。

一般可在翻耕稻田时，人工或用地笼捕捉田面上的泥鳅、黄鳝。养殖第一年，虾沟杂鱼可采用生石灰（75～100 千克 / 亩）或漂白粉（8～10 千克 / 亩）进行清除。

第二年，结合 8 月、9 月两次晒田，清除野、杂鱼。其中，第一次晒田（8 月），保持沟水深 80 厘米，使用可茶皂素、鱼藤酮、皂角素等药物清除野、杂鱼。使用药品杀鱼时，可结合使用地笼捕捉。第二次晒田（9 月中下旬），若还有野、杂鱼，可采用环保型茶粕清塘剂。沟水深 0.5 米，每亩可用茶籽饼 8 千克左右，浸泡 24 小时后全池泼洒，彻底杀灭野、杂鱼。

5. 种植水草

（1）水草种类

水草种植以伊乐藻、轮叶黑藻为主，空心莲子草（水花生）可作为补救水草使用。4 月上旬放虾苗时水草覆盖面积应达 40%。

（2）水草种植

一般在清塘 15 天后小龙虾塘开始肥塘，为水草的种植提供基础肥料。3 月至 4 月由于水温较低，肥水难度较大，目前较为有效的办法是“低温肥水产品 + 生物活菌类产品”配合使用，既起到促进水草生长的作用，又能肥水培藻，这一步对水草能否长好非常重要。

一般在环形沟底部和坡面种植水草，田面也可种植水草，一般以伊乐藻为主，围沟种植水草的面积占沟面积的 50%～60%。种植位置一般在平台区，水深 10 厘米，间隔 8 米左右用土压法种植伊乐藻，每摊伊乐藻直径在 40 厘米，有利于水草苏醒生根。之后慢慢加深水位，使其没过水草 20 厘米以上，促进水草生根（图 7–14，图 7–15）。

图 7-14　伊乐藻

图 7-15　稻田养虾水草种植

（3）水草养护

水草生长期的维护重点是稳定并促进水草根系的生长。5月至9月是小龙虾养殖的黄金季节，要注重水草根系的培育和维护。水草叶子的生长从两方面来考虑：①水草叶子要宽而长；②叶子不能疯长。在水草的培育过程中，水草叶子长起来后，能通过光合作用向水体提供更多的溶氧，从而改善和净化水质。如果叶片疯长，会导致高温期水草顶端靠近高温的水表面，水草易腐烂和漂浮，影响小龙虾生长。好的水草应该是根系发达，植株矮壮，叶面宽大。

（4）水草补栽

5月中下旬至6月，如果伊乐藻长势不好或者死草，须在虾沟中补栽水草。一般是每隔15米，移栽一盘空心莲子草（直径2米）（图7-16，图7-17）。

图 7-16　水花生

图 7-17　水花生种植

（三）苗种投放

1. 第一季苗种投放

第一季幼虾放养密度与规格：在 4 月至 5 月选择体青色、体肢完整、无病无伤、活动力强、体质健壮、生长发育良好的幼虾，体重要求在 6 ~ 8 克之间（最小不能低于 5 克）。如果是新修稻田，小龙虾虾苗放养密度为 50 千克 / 亩，规格约为 100 ~ 120 只 / 千克；如果是养过小龙虾的稻田（有亲本虾的），需要补虾苗，放养密度为 20 千克 / 亩，规格约为 100 ~ 120 只 / 千克。养殖到 7 月、8 月达到 40 克 / 尾左右的成虾规格，称为第一季成虾养殖。7 月至 8 月将其全部捕捞销售，干沟消毒。准备第二季成虾养殖。

2. 第二季苗种投放

第二季幼虾放养密度与规格：在 7 月至 8 月选择体青色、体肢完整、无病无伤、活动力强、体质健壮、生长发育良好的幼虾，体重要求在 6 克 / 尾 ~ 8 克 / 尾之间（最小不能低于 5 克 / 尾）。第二季度属于补放虾苗，放养密度为 30 千克 / 亩，规格约为 100 ~ 120 只 / 千克。养殖到翌年 4 月至 5 月达到 40 克 / 尾左右的成虾规格。翌年 4 月、5 月将其全部捕捞销售，干沟消毒。再准备次年第一季成虾养殖。

（四）饵料投喂

养殖水温回升至 15 摄氏度以上时，要实施强化培育。除“种草、投螺”外，还需要投喂人工饲料，饲料的投喂应把握好以下几点：

一是按照小龙虾不同生长发育阶段对营养的要求，搞好饵料组合。虾苗种阶段，主要摄食昆虫、枝角类、桡足类幼体，因而注重培养基础饵料，同时辅以投喂人工饲料。这时期主要采用粉状饲料，如青糠、麦麸、豆饼等。5月以后是小龙虾快速生长阶段，也是亲虾性腺发育的关键阶段，应以投喂麦麸、豆饼及嫩的青绿饲料（如南瓜、山芋、瓜皮等）为主，辅以动物性饲料。螺蛳是小龙虾的动物性饵料，在放养前必须放养螺蛳，每亩放养200~300千克，以后根据需要逐步添加。8月至9月是小龙虾积累营养准备越冬阶段，此时应多投喂动物性饲料。在饲料中必须添加脱壳素，满足小龙虾的脱壳需要。

图7-18　南瓜

图7-19　螺蛳

二是每天早晚投喂，投喂以傍晚为主，傍晚的投喂量要占到全天投喂量的60%~70%。饲料的投喂要采取定质、定量、定时、定点的方法，投喂要均匀。饲料具体投喂量要根据天气、水温、水质及小龙虾活动吃食状况而定。动物性饲料日投喂量可为小龙虾体重的8%~12%，干饲料或配合饲料则为3%~5%。

（五）日常管理

1. 投饲管理

在饲料中添加多种维生素、免疫多糖等，动物内脏最好是煮熟后投喂。在池中水草不足的情况下，一定要增加陆生草类的投喂，夏季高温季节要捞掉吃不完的草，以免因水草腐烂而影响水质。

2. 水质调节

保持虾池溶氧量 5 毫克 / 升以上，pH 值 7 ~ 8.5，透明度 35 厘米左右。每 10 ~ 15 天换水一次，每次换水量为池塘原水量的 1/5 ~ 1/8 左右；每 20 天泼洒一次石灰水，每次每亩水面用量为 3 ~ 5 千克；每半月左右全池泼洒光合细菌一次，以调节池中的氨氮含量。水不可太深，边沟内通常保持 1.2 米左右，高温季节和越冬期水可深一些。保持池水水位稳定，不可忽高忽低。每天早晚巡塘一次，发现异常及时采取相应措施。

3. 加强脱壳虾管理

通过投饲、换水等措施，促使小龙虾群体集中脱壳。脱壳后及时添加优质饲料，严防因饲料不足而导致小龙虾之间的相互抢食、残杀。

4. 补施追肥

饲养期间，要视池水透明度适时施追肥，一般每半月施一次追肥，追肥以发酵过的有机粪肥为主，施肥量为 15 ~ 20 千克 / 亩。

5. 防病

在放苗前，池塘要进行严格的消毒处理，放养虾苗时用 3% ~ 4% 食盐水浴洗虾苗 10 分钟；养殖期间，定期泼洒生石灰和光合细菌；养殖后期施用一次底质改良剂。投喂的饵料要新鲜，池中发现有害生物时，要及时清除。

（六）捕捞

7 月至 8 月，先用地笼将成虾起捕，再干沟捕捞，获得第一季小龙虾。次年 4 月至 5 月，先用地笼将成虾起捕，再干沟捕捞，获得第二季的小龙虾（图 7-20）。

图 7-20　稻田养殖收获的小龙虾

第四节　稻蟹种养

稻蟹种养多选择稻田养蟹共作模式，品种选择中华绒螯蟹（以下简称为河蟹），有稻田培育蟹种模式和稻田成蟹工作模式，实现了水稻种植与河蟹养殖的有机结合。种粮的同时还产出河蟹，提供优质河蟹和大米，稻蟹种养是一种资源节约型、环境友好型和食品安全型的产业。本书着重介绍稻田成蟹共作模式。

（一）稻田的选择与改造

1. 稻田选择

选择水源充足、符合渔业水质标准，进排水方便的田块。稻田以 5 ~ 7

亩为一个单元为宜。

2. 田间工程

稻蟹种养多选择双埂大边沟模式进行，沿田四周距埂1~2米处挖一道上宽1~2米、底宽0.5~1米、深1米的环形沟，长方形田块中间开挖1~3道横沟，方形田块中间开挖“十”字或“井”字沟，沟沟相通，沟面积占田块面积的5%~10%。利用挖沟取得的土加高培厚田埂，夯实整平，田埂高以0.8~1.5米为宜。

3. 建防逃设施

一个养蟹稻田单元四周要用光滑坚实的防逃材料设置围栏，应考虑其耐久性和成本，可选用水泥砖墙、玻璃钢围栏、双层薄膜等材料，防逃墙埋入地下10厘米左右，露出地面40~50厘米，以向池内稍倾为宜（图7-21）。

图7-21　稻田改造防逃设施

4. 安装进出水口

进、排水口对角设置，用涵洞管或砖砌均可。出水口设置要保证能放干田中水，并用网片等做好拦逃。

5. 移栽水草

在插秧前 1 ~ 2 个月，在围沟内移栽伊乐藻、苦草、轮叶黑藻等沉水性植物，保证蟹沟内水草覆盖率达 30% 左右。

6. 稻田消毒

在稻田放水前一星期，彻底清除稻田及蟹沟里的蛇、鼠、蛙、野鱼、杂鱼等敌害生物，然后每亩稻田用 75 克左右的生石灰，用水溶解后泼洒消毒。

（二）种养方式

1. 蟹种放养

选择 200 只 / 千克的蟹种，按照 500 ~ 600 只 / 亩投放，蟹种培育规格按照 1000 ~ 1500 只 / 亩（图 7–22）。蟹种宜在春节前后放养，早繁苗最好在 4 月以前投放。

图 7–22　蟹种放养

2. 水稻栽种及管理

同稻鱼种养一致。

（三）饵料投喂

稻田中有一定的生物饵料可供河蟹摄食，但要取得高产高效还必须投喂一定量的人工饲料。人工饲料有动物性饵料（小杂鱼、小虾等）、植物性饵料（小麦、蚕豆、玉米、马铃薯、水草等）。日投饵量为蟹体重的3%~8%，根据河蟹的不同生长阶段及每天的吃食情况适时调整。一般每日投喂两次，上午投喂一次，所投饵量占日投饵量的1/3，剩下的傍晚一次性投喂。投饵要均匀布点，多点投喂，可将饵料放在围沟内侧畦面上，或用网布、纱布等做成罾形食台，饵料投在食台上。

在饵料种类搭配上要保证动、植物饵料相结合，并根据不同生长阶段有所侧重。在河蟹生长期间，应本着“中间青、两头精”的原则投喂食物。即在3月至5月，河蟹刚越冬体质较弱，要多投喂粉碎的小鱼虾、螺蚬肉等；6月至8月应多投喂植物性饵料，除玉米、小麦等煮熟投喂外，还可增投生南瓜、山芋等；9月至10月是河蟹育肥阶段，应多投动物性饲料和含淀粉量较高的精饲料。

（四）日常管理

首先，要经常换水。早春每月1~2次；春末夏初每7~10天1次；盛夏高温季节每3~5天1次；伏季特别是蟹出池前一个月更应经常换水，对防止后期成蟹死亡和提高成蟹品质均有利。每次换水量不得超过总水量的1/3，并注意水温不要超过30摄氏度；同时要防止急水冲灌，以免影响河蟹的正常生活。

其次，要经常调节水中钙质含量。幼蟹投放后每隔20天左右泼洒一次生石灰。生石灰泼洒量按沟面积计算，每次每亩用10千克。

最后，在6月下旬至9月上旬，每15天泼洒1次光合细菌，每次每亩2千克。光合细菌不但能改善水质，降低发病率，而且还能使河蟹色泽鲜亮。

（五）成蟹起捕

1. 徒手捕蟹

蟹成熟的季节，利用河蟹上岸习性徒手捕捉，这种方法可捕获70%的成蟹。

2. 地笼捕蟹

将地笼横拉过蟹沟，待傍晚成蟹绕沟爬行时张网捕捉（图7-23，图7-24）。

图7-23　捕蟹

图7-24　成蟹收获

3. 干田捉蟹

放干稻田水捕捉蟹时，有些成蟹会钻入洞中，但多数会爬出来。

第五节　稻鳖种养

稻鳖共生是在种植水稻的同时养殖中华鳖的种养结合生态模式，稻田能为鳖提供良好的摄食、晒背场所，使其生长发育快；鳖可疏松土壤，吃掉部分害虫，且鳖的代谢物可作为水稻生长的优质肥料，起到预防水稻病害、促进水稻生长的作用。

（一）场地准备

1. 稻田选择

选择水质清澈无污染，符合渔业用水标准，排灌方便，背风向阳，环境安静，保水保肥性好的沙壤土水田，一般以 5 ~ 10 亩为宜。

2. 开挖鳖沟

稻鳖种养主要采用双埂大边沟模式，即在稻田两头开挖上宽 2 ~ 3 米、下宽 1.5 米、深 1.5 米的横沟，在田中开挖上宽 1 米，下宽 0.5 米，深 1 米的竖沟，沟面积占稻田总面积的 20% 左右。若条件适宜，可在稻田合适位置建 1 ~ 2 个南北向，长 5 米、宽 1 米，高于稻田正常水位 0.8 米的沙滩，供鳖产卵繁殖和晒背用。

3. 设置饵料台

沿横沟每隔 10 米左右设置 1 个长 2 米、宽 0.5 米的饵料台。饵料台一端放置在田埂上，另一端没入水下 5～10 厘米，也可作晒背台用。

4. 建防逃设施

加高加宽田埂，田埂向内倾斜 45 度。将彩钢板或石棉瓦埋入地下 0.3～0.4 米，顶部压沿要内伸 15～20 厘米。稻田进排水口呈对角线布局，进排水口用聚乙烯网包好。

（二）养殖管理

1. 鳖沟消毒

在鳖苗放养前 10～15 天，以鳖沟为重点，每亩稻田用生石灰 100 千克兑水泼洒消毒。

2. 螺蛳投放

在 4 月至 8 月，在鳖沟内每亩投放活螺蛳 150～200 千克，以降低稻田浮游生物量，净化水体。活螺蛳用 3%～5% 食盐溶液浸泡 3 分钟后放入田中。

3. 鳖苗放养

在插秧后 10～15 天，每亩放养健壮且大小相差不大，400～600 克 / 只的仔鳖 100 只左右。如果要繁殖仔鳖，则每亩可加放 30～40 只 5 龄（600 克以上）的亲鳖，雌雄比例为 2∶1 或 3∶2。另可放养少量大规格鲢鱼苗，以净化水质。放养前，鳖苗用 3% 食盐水浸泡 8～15 分钟，沥干水后投放。

4. 饵料投喂

根据“四定”即定质、定量、定时、定位原则投喂饵料。选用优质配合饵料（蛋白质含量 40%～60%），经常性搭配一定比例的新鲜饵料，如小鱼虾、新鲜白鲢肉或动物内脏等动物性饵料，以及蔬菜、麸类和饼粕类等植物性饵料，将动物性饵料切成小块或打成肉糜后搭配投喂。4 月至 5 月，日投喂量为鳖重的 2%～5%；6 月至 8 月是鳖的生长旺盛期，日投喂量为鳖重的 15%；9 月以后日投喂量为鳖重的 10% 左右。分别在上午 9 时、下午 5 时至 6 时各投喂 1 次，下午的投喂量占 70%。饵料一般在 1.5～2 小时内吃完，视残饵多少决定是否加料。当水温降至 15 摄氏度以下时，停止投喂饵料。

5. 水质管理

结合水稻和鳖不同生长期的需要适当增减水位，水一般保持 10～15 厘米深，高温季节保持 20 厘米以上。每间隔 15 天，每亩用生石灰 10 千克兑水泼洒 1 次，注意改良水质，同时加注 20% 的新水。

6. 定期巡查

检查防逃设施，发现损坏要及时修补。掌握鳖摄食、生长、病害及池塘水质等情况。若发现死鳖，应立即捞出深埋或焚化；发现病鳖应及时隔离治疗。及时清除残余饵料、生物尸体和鳖沟内的漂浮物等。要采取措施防止老鼠、猫、黄鼬、鹰等敌害动物伤害鳖卵和幼鳖。

（三）水稻培管

水稻栽种及管理同稻鱼种养一致。

（四）捕捞

11 月中旬，排干田水，夜间藏匿于稻田的鳖会自动爬上淤泥，采用灯光照射的方式起捕后待售，或转入温室养殖（图 7-25）。

图 7-25　成鳖收获

第六节　稻蛙种养

稻蛙养殖模式中的蛙常为黑斑蛙（图 7-26），是蛙科、侧褶蛙属的两栖动物。黑斑蛙成蛙体长一般为 7～8 厘米，体重为 50～60 克，最大的为 150 克左右。一般情况下，同龄黑斑蛙的雌蛙比雄蛙的个头大。黑斑蛙的身体分为头、躯干和四肢三部分，成体无尾。黑斑蛙 1 年即可成熟，但是一般选择 2～3 龄作为繁殖亲本。一只 75 克左右的雌蛙繁殖季节产卵量约在 2000 粒左右，水温在 20 摄氏度左右时，蛙卵 2～3 天即可破膜。

图 7-26　黑斑蛙

（一）养蛙田改造工程

实施稻蛙种养的田块应选择远离人群居住的地方，且田块相对规整、大小适宜、水源方便、天干不旱、雨涝不淹。田块不宜过大，对于较大田块可用围网（防逃网）分割为若干小单元。小单元以200平方米左右为宜，过大则不利于观察蛙群在田间的活动及摄食情况，且不利于蛙群的人工驯化投料和集中饲养管理（图7–27）。

图7–27　稻田改造

（二）稻田工程建设

1. 开挖蛙沟蛙溜

蛙沟蛙溜的建设不仅能满足蛙类动物的两栖生活习性，也能便于后期水稻收割前对蛙类的捕捉。可在田块中间开挖一条宽0.8～1.2米、深0.5～0.8米的蛙沟，作为青蛙蝌蚪养殖池和幼蛙变态上岸设施，周边栽种水稻（图7–28）。

图7–28　蛙沟建设

2. 加高加固田埂

开挖蛙沟的土可用于蛙田四周筑田埂，田埂应加高至 0.4 ~ 0.5 米。

3. 防逃设施

在蛙田四周用白色的塑料薄膜进行围网建设，要求塑料薄膜深入泥中 0.2 米，高度为 0.8 ~ 1.2 米，防止蛇和老鼠进入蛙田偷吃幼蛙。

4. 对角开挖进出水口

每块蛙田分别开挖进出水口各 1 ~ 2 个，同时用铁丝网或聚乙烯网片钉成拦蛙栅（图 7–29）。

5. 搭建饵料台

饵料台大小在 1 米 × 1.5 米左右或者更小比较好，有利于青蛙摄食，饵料台依次沿着稻田边缘摆放。

图 7–29　稻蛙种养拦蛙栅

6. 架设天网

蛙田上空架设天网以防鸟类捕食蝌蚪或幼蛙，具体做法如下：用尼龙绳编制成网状，网孔为两指半宽，距离地面 1.8 米，并用钢管或者石材支撑（图 7–30）。

图 7–30　天网、防逃网

7. 蛙田外围开挖排洪沟

在蛙田防逃网外面开挖排水沟，防止洪水灌入蛙田。

（三）蛙苗投放

用生石灰进行稻田消毒，秧苗返青后 10～15 天，可进行幼蛙（图 7-31）投放。幼蛙的大小一般为 1～3 克，尽可能让投放的幼蛙大一些，有利于提高下田成活率。幼蛙应选择在晴天的早晨进行投放。投放的幼蛙要求体格健壮、无伤病、规格整齐。可以按照每亩田投放个体体重在 3 克左右的幼蛙 10000～12000 只计算投放量，有条件的可以在插秧前 20～25 天将蝌蚪放入田中蛙池。

图 7-31　黑斑蛙幼苗

（四）日常管理

1. 饵料投喂

稻田养蛙可选全价人工配合饲料，幼蛙投喂量为体重的 5%～6%，成蛙为 2%～4%，一般以黑斑蛙在 2 小时内吃完为宜。前期投喂一天 2 次（早晨、傍晚各投 1 次），中后期则 1 天 1 次，投喂时间为傍晚。把饵料分

图 7-32　投喂黑斑蛙

置于饵料台上即可。每次投饵前，要清理掉上次的残余饵料（图 7-32）。

2. 日常管理

坚持早晚巡查，检查围栏有无破损，检查黑斑蛙的吃食情况、活动情况、有无外逃、有无病害等。采取放鼠夹、投鼠药、在蛙田四周挂刺网、晚间捕捉等办法，坚持长年防鼠、鸟、蛇等敌害。注意防逃、防偷。蝌蚪、幼蛙、中成蛙等养殖，均要经常加注清水，改善水质，一般 3～4 天加水 1 次，高温季节 1～2 天加水 1 次。临近冬季要加满田水，田内多放些稻草，为蛙保温和提供越冬环境，不惊扰，让其安全越冬。

3. 个体分类

每个月筛选 1 次，把大的蛙选出，放于备用池中，加大饲养强度，择价出售。

（五）捕捉

对蛙的捕捉是养殖过程中一个很重要的环节，多在收稻谷或越冬前进行。在养殖过程中，为了大小蛙分级分养也要捕捉。一般用灯光照射捕捉。小规模的养蛙场，最好在傍晚及夜间捕捉。通常利用蛙喜夜间活动的习性，用手电筒照射蛙的眼部（蛙受了强光刺激，往往静止不动），然后用有柄的捞网迅速捕捉（图 7-33）。

图 7-33　准备收获的稻和蛙

第七节　稻鱼鸭种养

（一）场地建设

1. 场地选择

选择水源充足、水质良好、排灌方便、天旱不干、洪水不冲、土地肥沃平整、保水能力强的田块。

2. 稻田工程建设

（1）田埂改造

将田埂加高、加宽、加固。要求顶宽 40 厘米、底宽 60 厘米，田埂高出田面 30～40 厘米，边坡要夯实。

（2）田间工程建设

稻鱼鸭综合种养模式的田间工程多采用垄稻沟坑式进行，要开挖鱼沟、鱼坑（图 7–34，图 7–35），搭建鸭舍。

① 鱼沟

开挖简易的鱼沟、鱼凼，搭建鱼窝。鱼沟根据田块大小及形状，按“十”“大”“井”“田”等形状开挖，沟宽 30～70 厘米、深 50 厘米。

② 鱼坑

通常设在田块四周，一般宽 150 厘米、深 50 厘米，鱼沟与鱼坑相通，在鱼坑上用遮阳网或竹条覆盖。

图 7–34　鱼坑

图 7-35　鱼沟

③ 搭建鸭舍

在稻田边选择便于鸭苗饲养、栖息的地方搭建板房，四周用篾栅围护，建成长 1.3 米、宽 1.5 米、高 1.3 米的鸭舍，供鸭昼夜栖息。鸭舍的数量可依据鸭的养殖数量而定，一般容量为 10 只 / 立方米（图 7-36）。

图 7-36　鸭舍

（二）养殖技术

1. 品种选择及规格

（1）鱼品种的选择及规格

品种选择：要结合当地实际情况，选择适应性强、抗病力强、生长快、消费者普遍能接受的品种，如：鲤鱼、草鱼。同时，要选择无病、无伤、体格健壮的个体。规格：约 0.05 千克 / 尾。

（2）鸭品种的选择、规格及来源

品种选择：选择个体适中、商品性好、抗逆性强、适应性较广、活动量大、成活率高的品种。规格：4～5 日龄。

2. 苗种的投放

（1）鱼苗的投放及密度

秧苗移栽后 2～3 天即可投放鱼苗，投放数量为 7.5～10 千克 / 亩。入田前用 5% 的食盐水浸泡消毒 3～5 分钟。投放时，应将鱼苗投放在鱼坑内。

（2）鸭苗投放及密度

放养前，应对雏鸭进行驯水。驯水方法：将雏鸭投放到简易鸭棚之后，在鸭棚的四角圈出 20～30 平方米的初放区，利用人工喂养的方式喂养雏鸭 2～3 天。

对雏鸭进行驯水一般选择晴天，第 1 次最好在 10:00 左右将雏鸭赶下水，30 分钟左右又将其全部赶上岸，让其在太阳光下梳理羽毛并休息。15:00 左右可进行第 2 次驯水。以后驯水时间可适当延长，直到鸭子能在水中活动自如、出水毛干。对一些体质较差、羽毛长时间不干的雏鸭，要及时烘干羽毛，这样可减少死亡率。待雏鸭具备较好的适应水中生活的能力后，在秧苗返青后开始放入稻田中，放养密度控制在 15～20 只 / 亩。在雏鸭投放初期，为了满足雏鸭对饲料的需求，在稻田中适当投放浮萍类水草，供雏鸭食用。

（三）饲养管理

信号驯化：很多鸭子放入稻田中后，是难以管理和控制的，所以要使用特殊的动作和信号来进行管理。这样，就要先用特殊的信号和动作对雏鸭进行训练，使雏鸭逐渐习惯这种信号和动作，并对其产生条件反射。这种训练要从鸭苗幼期开始，一定要用固定的口令或音乐训练。口令的选择要根据具体的情况进行，目的是让雏鸭能形成条件反射。

鸭天性胆小，在管理过程中要保持环境安静，为它们营造良好的生长环境。暴风雨季节，要及时将鸭召回鸭舍。

水稻开始抽穗扬花至收割前这段时间，将鸭召回鸭舍或围于田外。

（四）捕捞

1. 鱼

稻谷收割前 15 天，及时将达到上市规格的鱼捕捞上市；未达到上市规格的鱼，在稻谷收割后，可提高稻田水位继续养殖（有池塘配套的农户可将田鱼转入池塘继续养殖），这样不仅可以增加鱼的体重，而且可以延长鱼的上市时间，错峰上市，提高经济效益。捕鱼前应先疏通鱼沟，缓慢放水，集中捕捞。

2. 鸭

在水稻抽穗扬花至收割前，召回的鸭或围于田外的鸭达到上市规格的要及早上市销售；未达到上市规格的，可将鸭集中暂养，待稻谷收割后放入田中继续饲养。

第八节　山区稻田田间建设

贵州省稻渔综合种养是当地人民对其所处生存环境的积极适应与能动创造，具有独特性。在贵州省发展稻渔综合种养，既符合省情，又符合效益原则；既可以与贵州生态环境相适应，又具有与当地社会文化运作高度协调的现实意义。

贵州省喀斯特地形出露面积 1.64 亿亩，占全省总面积的 61.9%，境内岩溶分布范围广泛，形态类型齐全，构成一种特殊的岩溶生态系统。贵州高原山地居多，素有“八山一水一分田”之说。全省土地 92.5% 的面积为山地和丘陵。境内山脉众多，重峦叠嶂，绵延纵横，山高谷深。

地形的特点决定了贵州省稻田的特点。与北方地区大面积、平整的稻田不同，贵州省的稻田大部分为多个小面积梯田（图 7-37）组成，稻田用水主要为微流山泉水。由于地形特点，在贵州省发展稻渔综合种养具有一定难度，但独具特色。

图 7-37　贵州山区梯田

（一）贵州山区稻渔综合种养的主要特点

1. 田块小

田块小，若再挖鱼沟、鱼坑，种植水稻的面积就更少了。

2. 田块不规则，高低不平，梯田为主

稻田中鱼沟、鱼坑需要年年挖。不利于机械操作，保水性差，稻田养鱼产量低。

3. 水源不稳定，对稻田鱼威胁大

贵州的水文特点是雨季山洪暴发频繁，旱季缺水。养鱼稻田的水源一般是山间溪流，每年山洪暴发时冲走稻田鱼，缺水时稻田干涸。

4. 稻田利用不充分

贵州的地理气候条件决定了稻田种植每年是一季。一些地方，冬季利用稻田继续种菜等，但大多数稻田冬季闲置，要到第二年才种水稻，由此造成了对稻田资源利用的不充分。

5. 养殖品种单一

一直以来，贵州稻田养鱼基本上是养鲤鱼。随着人们生活水平的日益提高，单一的养殖品种越来越不适应消费者的需求。

6. 稻渔综合种养产量不高

水产行业有一句行话：“深水养大鱼。”由于稻田水深有限，鱼难以养大，产量也不高。

7. 稻渔综合种养商品化程度低

许多人都知道养鱼的稻田中的水稻、鱼是健康食品，但只注重鱼的价

值，对稻鱼系统中水稻的价值开发利用不够。

（二）稻田水体量

稻渔综合种养，稻田中需要有水；要养更多更大的鱼，需要增加稻田中的水体量。

1. 不同稻田模式的水体量及鱼产量

（1）平板式

平均水深 20 厘米，每亩水体量为：1 亩 × 20 厘米，即约 133 立方米。

亩平均鱼产量 10 ~ 20 千克。

（2）沟坑式

平均水深 20 厘米，环沟宽 0.3 ~ 0.5 米，深 40 厘米，加上中间鱼沟，3 ~ 5 立方米的鱼坑，则每亩增加水体 12 ~ 20 立方米，总水体达到 143 ~ 153 立方米。

亩平均鱼产量 30 ~ 40 千克。

（3）加高田坎、鱼坑

平均水深 30 厘米，每亩水体达到 210 ~ 230 立方米。亩平均鱼产量 40 ~ 60 千克。

（4）边沟式

平均水深 30 厘米，环沟宽 0.5 ~ 1 米，深 1 米，加上中间鱼沟，每亩水体达到 255 ~ 305 立方米。亩平均鱼产量 60 ~ 100 千克。

2. 因地制宜增加稻田水体量

贵州山区稻田有梯田，有缓坡地的田块，有平地处的田块。因此，需要因地制宜，按照增加水体量的原则，开挖田间的鱼沟、鱼坑。

（1）四周开沟

对于田块较为平整，单块面积较大的稻田，可四边开沟。（图 7–38）

图 7-38　四边开沟（适用于田块平整，单块面积较大的稻田）

（2）三边开沟

田块平整、一面靠山、单块面积较大的稻田，可三边开沟（图 7-39）。

图 7-39　三边开沟（适用于田块平整、一面靠山、单块面积较大的稻田）

（3）两边开沟

田块平整、两边靠山、单块面积较大的稻田，可两边开沟（图 7-40）。

图 7-40　两边开沟（适用于两边靠山，单块面积较小的稻田）

（4）单边开沟

梯田、单块面积较小的稻田，可单边开沟（图 7-41）。

图 7-41　单边开沟（适用于梯田、单块面积较小的稻田）

第九节　稻渔综合种养绿色防控

在贵州省稻渔综合种养模式中，除利用稻田鱼类除掉害虫外，还辅之以不同的绿色防控措施，来实现稻田水稻、渔产品的生态稳定。积极探索采用物理、化学、生态防治的手段进行水稻病虫害的防治，如利用香根草来进行水稻螟虫防控，利用赤眼蜂杀灭害虫的虫卵，达到防治害虫的目的；运用昆虫性诱剂，来诱杀水稻害虫等。

（一）物理防治

1. 粘虫板

部分秧田容易出现稻飞虱、稻蓟马等害虫，可将害虫的趋色性特点利用起来，在田间设置数量适当的粘虫板，高效诱杀害虫成虫。通常情况下，每 15 亩设置 120 块左右。

2. 杀虫灯

针对二化螟、稻飞虱等常见虫害，将频振式杀虫灯安装于田间，利用害虫的趋光性，达到诱杀害虫成虫的目的。需注意的是，频振式杀虫灯也会在一定程度上诱集种养对象的天敌，因此需严格控制安装密度。通常情况下，每 2 公顷（1 公顷 = 10000 平方米，全书同）设置 1 个杀虫灯。

（二）化学防治

采用昆虫性诱剂进行防治。将昆虫雌性成虫性信息素利用起来，能高效吸引和诱杀雄性成虫。在田间设置二化螟、稻纵卷叶螟性诱剂诱捕器，按照 20 厘米标准控制诱捕器下口与水稻上部叶片间的距离，每公顷设置

15个左右。为发挥好性诱剂诱捕器的作用，每月需及时清理诱集到的害虫，并及时更换昆虫性诱剂的诱芯。

（三）生态防治

水稻的病虫害生态防治要以植物防治和动物防治为主，是以保护和发挥捕食性天敌、寄生性天敌等自然天敌的控害效能，并加以针对性的人工干预（如释放寄生蜂、种植香根草等）。这样，水稻害虫种群数量一般都能被控制在较低水平，虫害对水稻的危害也将控制在可控的范围之内，而田间虫害的天敌种类与数量则维持较高的程度。

1. 植物防控

（1）蜜源植物

将拥有较长花期、丰富蜜源的一年生及多年生植物种植于稻田田埂或周围，这样害虫天敌的食物增多，就会成功吸引更多种类的天敌聚集。如在稻田道路两边种植小叶女贞等蜜源植物，或将向日葵、大豆等蜜源植物分批种植于稻田田埂及周边，保证虫害天敌昆虫的取食需求得到满足。

（2）香根草

香根草能够对水稻螟虫产卵期的成虫起到有效的诱集作用，其幼虫啃食香根草的叶片后会中毒，以至于难以顺利存活及繁殖。因此，春季在水稻田埂、周边湿地等栽种香根草，有利于灭杀水稻的天敌。栽种香根草，一般按照1米标准控制株距。

2. 动物防控

稻螟赤眼蜂能够在稻纵卷叶螟、水稻二化螟等害虫的虫卵中寄生，促使螟虫数量、螟虫基数减少。因此，螟虫羽化高峰期内，可结合虫害发生状况将适量的稻螟赤眼蜂释放入田间。通常情况下，放蜂器控制在每公顷60～90个，进行3～5次连续释放，按照5天标准控制释放间隔。放蜂器要贴近稻株放置，避免直接暴露在阳光下，否则会影响放蜂效果。

第十节　稻田金背鲤

稻田金背鲤是贵州省黔东南州稻田传统养殖的鲤鱼品种，属鲤科、鲤亚科、鲤属鱼类。本地人为了把这种鲤鱼同其他鲤鱼区分开来，特称其为“呆鲤”。据《从江县志》记载，黔东南稻田养鱼有上千年历史，稻田里的这种鲤鱼具有适应稻田浅水环境的特点。

稻田金背鲤（以下简称“金背鲤”），是稻田鲤中分化出来的，主要分布在黔、桂、湘三省（自治区）交界区域。在贵州，主要分布在黎平、锦屏、黄平、都匀、从江等地。目前，本地金背鲤资源贫乏，数量少。在各地的鲤鱼种群中，仅有少量分布，且种质退化严重。由于金背鲤长期适应稻田环境，在形态、体色及生活习性等方面有一些明显的特点，对该鲤鱼的研究具有重要的学术意义及应用价值，但目前相关研究及报道甚少。本节结合学术界近期的相关研究，对稻田金背鲤进行简单介绍。

（一）金背鲤的形态特征

金背鲤，“黄鳞赤尾”，以鱼背两侧各有一道金色线纹而得名，体态丰腴、尾部短粗，最引人注目的是那道细小的金色线纹，从鳃盖直达背鳍基部，头部有一个形似“金色蝴蝶结”的图案。在阳光照耀下，鱼靠近水面游动、摄食的时候，背部两道金色条纹和头部的“金色蝴蝶结”若隐若现，金光闪闪，惹人喜爱（图 7–42，图 7–43）。

图 7-42　金背鲤侧面

图 7-43　金背鲤背部

（二）金背鲤的生活习性

金背鲤是贵州省稻田原生鱼种，食各种水生生物、昆虫、稻花等。耐低氧，抗病力强，易成活，稻田生长适应性强，平均一年长 400 克左右。金背鲤具有以下习性：

金背鲤受惊吓后常将头部埋入泥中，而其余部位仍在泥外。

对稻田浅水的环境适应力强，水位达到体高一半时即可满足其基本生存需求。

耐饥饿，哪怕是一周乃至 10 天不进食，金背鲤的运动能力依然很强。

对温度变化的耐受力强，适应贵州昼夜温差较大的气候，在温差高达 20 摄氏度以上时也能正常生长。

（三）金背鲤的营养价值

金背鲤肉质软糯，味道鲜美，入口回甜，鱼肉和鳞片营养丰富。鱼肉营养价值方面，经检测，其肌肉氨基酸（EAA/TAA）含量为 42.17%，符合 FAO/WHO 评价的质量较好的蛋白质的标准。鱼肉的鲜美程度主要由 4 种鲜味氨基酸（天冬氨酸、谷氨酸、丙氨酸、甘氨酸）决定，金背鲤肌肉中鲜味氨基酸（DAA/TAA）含量为 38.91%。脂肪酸方面，金背鲤肌肉脂肪酸中有 74.32% 为不饱和脂肪酸，单不饱和脂肪酸（∑MUFA）含量达 54.17%。金背鲤肌肉中富含矿物质，每百克肌肉中硒含量为 0.185 毫克，达到食物富硒标准（标准为每百克含硒 0.02～0.20 毫克）。钾含量为 0.972%，高于大部分淡水鱼。

金背鲤鱼鳞薄而有弹性，吃鱼的时候可以连同鱼鳞一起食用。金背鲤鱼鳞中钙、磷含量相对较高，其中钙磷比为 1.98∶1，接近人类乳汁的钙磷比（人类乳汁的钙磷比为 2∶1，食物中钙磷比在 2∶1 时人体的吸收效率最高）。鱼鳞中锰、锌、硒等矿物质含量丰富，每千克鱼鳞的含量分别为 26.53 毫克、92.13 毫克、0.36 毫克。

（四）金背鲤的群体遗传特点

贵州大学渔业资源与环境研究中心对贵州都匀、黎平、从江、锦屏、黄平 5 个地理种群金背鲤的遗传多样性、遗传结构及种群历史动态做了分析评价。

1. 贵州金背鲤遗传多样性现状

贵州省稻田金背鲤总体遗传多样性偏低，尤其是锦屏群体遗传多样性匮乏，为低单倍型多样性、低核苷酸多样性类型。

Cyt b 序列构建稻田金背鲤 5 个群体的邻接系统树。结果显示，贵州省金背鲤各群体间没有形成独立的谱系，种群间进化关系成交叉式嵌套，单倍型网络图也表明金背鲤没有较为明显的地理分化。

基于 *D-loop*、*Cyt b* 基因，5 个稻田金背鲤群体的错配分布曲线均呈现双峰或多峰型，表明 5 个群体历史上均未出现种群扩张。

贵州省稻田金背鲤，5 个种群中黎平、从江群体遗传多样性相对较高，但总体遗传多样性偏低，尤其是锦屏和都匀群体遗传多样性已极度匮乏，种质退化最为严重，对这两地金背鲤的保护已迫在眉睫。

2. 金背鲤各种群间的遗传分化现状

贵州省现有的 5 个地理种群间没有形成明显的谱系结构和地理结构，

说明在所调查的这5个地理种群金背鲤中，它们的遗传分化程度低。在保护贵州省金背鲤种质资源的工作中，要将分化程度不同的群体作为独立的管理单元，开展针对性保护措施。

（五）金背鲤的选育工作进展

通过种质资源评定，贵州省金背鲤种质资源质量下滑严重，对于贵州金背鲤的选育工作刻不容缓。金背鲤种质资源质量下滑原因与长期自繁自育有关，贵州大学渔业资源与环境研究中心采用三联催产素，经过不断调整药方，首次突破金背鲤的人工繁殖技术，先后繁育金背鲤鱼苗共200余万尾。

目前，贵州大学渔业资源与环境研究中心已利用遗传分化较大的从江群体与黄平群体，在基因和形态上进行了种内选育。为提高生长速度，选取松浦红镜鲤进行完全双列杂交，并结合数量遗传学最佳线性无偏预测法（BLUP）剔除环境等因素的影响，估算出育种值，将进行四代选育（目前已完成一代选育）。

贵州大学渔业资源与环境研究中心正采用三代分子标记技术（SNP）、QTL定位等技术，对金背鲤耐低氧、耐疾病、生长快等经济性状相关基因开展研究，辅助金背鲤的选育工作。

参考文献

谷因，1999. 布依族鱼图腾崇拜溯源［J］. 民族研究（1）：44–48.

韩荣培，2004. “饭稻羹鱼”——水族传统农耕文化的主题［J］. 贵州民族研究（2）：47–51.

黄太寿，宗民庆，2007. 稻田养鱼的发展历程及展望［J］. 中国渔业经济（3）：27–29.

黄太寿，宗民庆，2007. 稻田养鱼的发展历程及展望［J］. 中国渔业经济（3）：27–29.

锦屏县地方志编纂委员会，2011. 锦屏县志（1991—2009）［M］. 北京：方志出版社.

李兵，杨洪，2016. 黔东南州稻田养鱼发展历程及现状［J］. 农技服务，33（14）：137–138+127.

罗康隆，谭卫华，2008. 侗族社会的“鱼”及其文化的田野调查［J］. 怀化学院学报（1）：1–5.

孟学华，吴正彪，2014. 贵州南部地区苗族稻田养鱼习俗与传统稻作文化关系探微［J］. 长江师范学院学报 30（1）：14–16+137.

向安强，张巨保，2008. 侗族稻作农耕文化初探［J］. 农业考古（1）：212–218.

向安强，1995. 稻田养鱼起源新探［J］. 中国科技史料（2）：13.

邢湘臣，1984. 稻田养鱼小史及其现实意义［J］. 农业考古（2）：223–225+272.

邢小燕，1991. 贵州少数民族与稻田养鱼［J］. 中国水产（3）：45.

杨昌雄，1984. 苗族稻田养鱼考［J］. 农业考古（2）：217–222+238.

杨昌雄，1989. 概述苗族稻田养鱼史及其发展趋势［J］. 古今农业（1）：124–

127.
杨光美，刘仕海，2009. 苗族地区发展稻田生态渔业的思考——以黔东南为例[J]. 贵州农业科学 37(05)：136-138.
杨子奇，2008. 侗族民歌“鱼”意象原型分析[J]. 科教文汇(11)：244.
詹全友，龙初凡，2014. 贵州从江侗乡稻鱼鸭系统的生态模式研究[J]. 贵州民族研究 35(3)：71-75.
周丕东，潘永荣，吴佺新，等，2006. 现代农业技术及其推广的文化反思——基于对贵州侗族传统稻田养鱼影响的实证分析[J]. 贵州农业科学(4)：109-111+115.